방정식
단박에 이해하기

방정식 단박에 이해하기

ⓒ 박구연, 2021

초판 1쇄 인쇄일 2021년 12월 14일
초판 1쇄 발행일 2021년 12월 22일

지은이 박구연
펴낸이 김지영   펴낸곳 지브레인 Gbrain
편 집 김현주
마케팅 조명구   제작 · 관리 김동영

출판등록 2001년 7월 3일 제2005-000022호
주소 04021 서울시 마포구 월드컵로7길 88 2층
전화 (02)2648-7224   팩스 (02)2654-7696

ISBN 978-89-5979-533-8 (03410)

표지 이미지: www.freepik.com

방정식
단박에 이해하기

박구연 지음

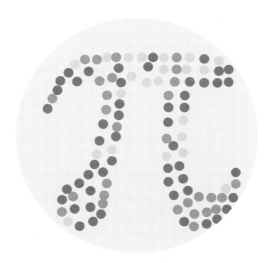

지브레인

초등학교 시절 우리는 설레었던 기억 하나씩은 가지고 있다. "반에 배정되면 어떤 아이들을 만나게 될까? 담임선생님은 어떤 분일까? 친한 친구들과 한 반이 될 수 있을까? 짝꿍은 누가 될까? 어떤 신나는 일이 생길까?" 같은 다양한 것들을 생각하고 기대했을 것이다. 그리고 새로운 가방과 노트, 연필, 필통, 새로운 교과서를 준비한다.

그러면서 공부를 열심히 하겠다는 다짐도 해봤을 것이다. 새로운 교과서와 새로운 학용품으로 새롭게 공부하겠다는 그런 각오도 다지면서 말이다.

수학에서의 방정식은 처음 학교에 입학했을 때 준비하던 학용품과 같다. 수학을 시작하는 중요한 단추이며 수학의 많은 부분을 담고 있기 때문이다.

문자식에서 시작하여 등식과 항등식으로 나아가지만 이미 여러 연산이 어우러진 상태에서 수학의 응용 단계로 넘어가는 단계가 바로 방정식이다. 이와 같은 방정식을 마치면 함수와 미적분, 행렬을 시작할 수 있는 준비가 끝난다.

지금은 4차 산업의 시대로 수학이 필수로 자리 잡아 휴대폰, 가전제품, 컴퓨터, 영화, 건축, 메타버스 등 여러 분야에 폭넓게 사용되고 있다. 수학의 중요성은 갈수록 커져가고 있는 것이다.

수학의 기본이면서도 활용도가 높은 수학 분야로 꼽히는 방정식은 건축물의 설계도로 비유하곤 하는데, 이는 수학의 틀을 잡아주는 견고한 역할을 하기 때문이다.

그래서 이 책에서는 방정식에 대한 기본 개념과 정리를 이해하기 쉽게 정리하면서 이해한 내용을 문제를 풀며 확실하게 내 것으로 소화할 수 있도록 구성했다. 기본 개념과 실력 UP 문제를 통해 이해를 높이도록 했기 때문에 방정식에 대한 설명을 읽고 기본 개념을 이해한 후 문제에 접근하면 점차 자신의 실력이 향상되는 것을 느낄 수 있을 것이다.

이해하기 어려운 부분이 나와도 굳이 이해할 수 있을 때까지 잡고 있을 필요는 없다. 그 부분을 표시한 뒤 다음으로 넘어가 전체적인 방정식의 흐름을 살피고 이해가 되지 않은 부분을 다시 본다면 의외로 쉽게 이해할 수도 있다.

이 책의 목적 중에는 중학교에서 배우게 될 방정식 또는 이미 배운 방정식을 쉽게 이해하고 싶은 초등학교 고학년 학생이나 중·고등학생에게 방정식의 기본 핵심을 전달하는 것이 있다. 또 방정식의 원리와 내용이 궁금해 새롭게 이해하고 싶은 일반인도 쉽게 이해할 수 있도록 구성했다. 방정식을 단번에 이해하고 싶다면 이 책의 첫 장을 넘기길 바란다.

박구연

CONTENTS

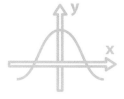

방정식의 역사

방정식은 2000여 년 전 중국 한나라의 수학책 《구장산술》에서 시작한다. 이 책에서는 우리가 현재 연립방정식으로 부르고 있는 것을 풀 때, 계수들을 마방진과 같은 틀 안에 써 놓고 행렬과 비슷한 방법으로 해를 구했다. 중국에서는 치수공사에도 쓰였다고 전해지고 있으며, 송나라 때에는 방진을 이용하여 방정식에 관하여 많은 빛을 발하던 때도 있었다.

영어로 방정식을 뜻하는 equation은 equal과 어원이 같으며, 두 양이 서로 같다는 뜻이다. 이집트의 파피루스, 바빌로니아의 점토판에도 방정식을 풀었던 흔적이 있을 정도로 인류가 방정식을 풀기 시작한 것은 굉장히 오래 전부터였다. 방정식에 대한 체계적인 연구는 고대 그리스의 디오판토스가 시작했다. 그러나 방정식이라고 해도 고대에는 식이라는 것이 없었고 모두 문어체로 기술되어 있었다. 인도에서도 5세기에 방정식이 발달했으며 인도의 수학자 브라마 굽타가 《구타카》라는 수학 저서에 현대의 이차방정식과 비슷한 풀이법을 실었다. 르네상스 시대에 유럽에는 방정식이 전해져서 더욱 발전했다. 독일의 기하학자이자 화가로 유명한 뒤러가 동판화 멜랑콜리에 그려넣은 방진이 유명했다. 사우디 아라비아의 알콰리즈미는 6세기에 이항과 동류항의 정리를 쓴 알제브라에 관한 저서를 기술하기도 했다.

현대식 기호 체계를 확립한 것은 14세기 때의 비에트이며, 가우스는 대수방정식의 근의 존재 증명이라는 논문을 제출한 바 있다. 그리고 15세기에서 16세기에 걸쳐 이탈리아에서는 삼차방정식과 사차방정식에 대한 연구가 이루어졌고, 카르타노와 페라리는 사칙연산과 거듭제곱근을 써서 각각 삼차방정식과 사차방정식의 근의 공식을 유도하는 데 성공했다. 이는 지금도 어렵게 여겨지는 부분으로 그 당시에는 상당한 업적이었다.

19세기에는 아벨과 갈루아에 의해 5차 이상의 방정식은 근의 공식을 만들 수 없다는 것을 증명하기도 했다. 그리고 카르다노에 의해 방정식의 근에 허수가 등장하기도 했다. 우리나라도 조선 15세기 숙종 때 영의정을 지낸 최석정이 《구수략》에 방진을 실어서 방정식을 학문적으로 많이 이용했다. 현대에도 방정식은 많은 연구를 하고 있다.

선형계획법, 슈뢰딩거 방정식, 미분방정식 등 방정식은 수학 뿐 아니라 사회 과학이나 인문 과학 등 여러 분야에서 없어서는 안 될 중요한 학문으로 발전해 나가고 있다.

방정식이란?

방정식이란 미지수의 값에 따라 참이 되거나 거짓이 되는 등식을 말한다. 미지수는 x, y, z 같은 알파벳을 주로 사용하며 경우에 따라서는 a, b, c를 사용하기도 한다. 방정식에서 구하고자 하는 것은 미지수의 값이다. 방정식을 풀다 보면 미지수의 값이 없거나 여러 개인 경우도 있다.

방정식은 활용문제를 풀 때 식을 잘 세워야 한다. 식을 세우는 것이 어렵다면 그림을 그려보는 것도 좋다.

"방정식을 우리가 왜 배우거나 알아야 하는가?"에 대한 질문의 답변 중 하나를 활용문제에서 찾을 수 있다. 실생활의 계획이나 예상, 방안 등에 방정식의 활용문제가 쓰인다는 것을 확인할 수 있기 때문이다.

방정식은 차수에 따라 일차방정식, 이차방정식, 삼차방정식, 사차방정식… 등으로 나누며, 개수에 따라 연립이 아닌 방정식과 연립방정식으로 나눈다. 이 책에서는 일차방정식부터 사차방정식까지 범위를 정하고, 연립방정식과 부정방정식까지 설명한다.

일차방정식은 문자식에 대해 이해하고 등식의 성질과 이항을 이용한 사칙연산으로 풀며, 이차방정식은 완전제곱, 인수분해, 근의 공식 등을 이용하여 푼다. 삼·사차방정식의 고차방정식은 근의 공식이 너무 복잡하여 인수정리, 조립제법, 인수분해 등의 방법으로 문제를 해결한다.

제 **1** 장

일차방정식

미지수의 차수가 일차인 방정식

일차방정식$^{\text{linear equation}}$은 최고차항의 차수가 1인 방정식이다. 대수 방정식 중 가장 기본적인 방정식이며, 이집트인과 그리스인이 고대부터 이용했다.

방정식을 하기 전 먼저 미지수를 알기 위해서는 문자와 식을 알아야 한다. 우선 문자와 식을 통하여 방정식에 하나하나 접근해 보자.

① 문자와 식

문자와 수의 규칙

방정식은 숫자와 문자를 사용해 식을 나타낸다. 수량의 관계를 문자를 사용해 나타낸 것을 문자식이라고 하는데, 이러한 문자식을 사용해 여러 가지 관계와 법칙을 나타낼 수 있다. 다음 두 개의 그림을 보자.

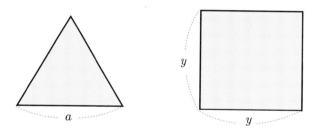

왼쪽에는 한 변의 길이가 a인 정삼각형이 있다. 정삼각형의 둘레는 길이가 같은 변의 길이 a를 세 개 더한 것이므로 $3a$가 된다. 오른쪽의 그림은 한 변의 길이가 y인 정사각형의 둘레는 $4y$가 된다. 이렇게 변의 길이를 나타내는 미지수가 무엇이냐에 따라 문자식은 달라지게 된다. 문자식의 특징에는 우선적으로 곱셈기호의 생략이 있으며, 다음과 같다.

⑴ 수와 문자, 문자와 문자의 곱셈 사이에는 곱셈 기호 ×를 생략한다.

$$(-2) \times a = -2a,\ a \times b = ab$$

⑵ 문자와 수의 곱셈에서는 수를 항상 문자 앞에 쓴다.

예를 들어서 $7 \times a = 7a$, $b \times (-1) = -b$이다. $7 \times a = 7a$는 쉽게 이해가 가지만 $b \times (-1) = (-1)b$라고 반문할 수도 있다. 그러나 수학에서는 $(-1)b$가 아니라 $-b$로 쓰며, 1을 생략한다.

⑶ 문자끼리의 곱은 알파벳 순서대로 쓴다.

$$a \times b = ab,\ c \times b \times x = bcx$$

여기서 알파벳 순서대로 쓴 후 × 기호를 생략한다.

⑷ 같은 문자의 곱은 지수를 사용해 거듭제곱의 형태로 나타낸다.

$$b \times b \times b = b^3,\ d \times bd = bd^2$$

계산 과정에서는 ×를 사용해도 되지만 답을 표기할 때는 ×를 생략한다. 문자식에 관하여는 곱셈 기호의 생략을 꼭 기억해야 한다.

또한 문자식에는 나눗셈 기호를 생략하는 경우가 있다.

$a \div b = a \times \dfrac{1}{b} = \dfrac{a}{b}$ 이다.

$bc \div d = \dfrac{bc}{d}$, $(-4) \div ac = \dfrac{-4}{ac} = -\dfrac{4}{ac}$ 이다.

즉 $-$ 기호를 앞에 쓴다.

문제1 백의 자릿수가 x, 십의 자릿수가 y, 일의 자릿수가 z인 자연수를 문자식으로 나타내어라.

풀이 세 자리 자연수에서 백의 자릿수, 십의 자릿수, 일의 자릿수가 정해지지 않았으므로,

$100x + 10y + 1 \times z = 100x + 10y + z$ 로 나타낸다.

답 $100x + 10y + z$

문제2 $2x \div 7 \times y$를 곱셈 기호화 나눗셈 기호를 생략하여 나타내어라.

풀이 $2x \div 7 \times y = 2x \times \dfrac{1}{7} \times y = \dfrac{2x}{7} \times y = \dfrac{2xy}{7}$

답 $\dfrac{2xy}{7}$

문제3 거리가 $a\,\mathrm{km}$인 두 지점을 왕복하는 데, 갈 때는 $5^{\mathrm{km}}/_{\mathrm{h}}$로 걷고, 올 때는 $3^{\mathrm{km}}/_{\mathrm{h}}$로 걸어왔다. 왕복하는 동안의 평균속력을 구하여라.

풀이 총 왕복거리는 $2a$km이며, 갈 때 걸리는 시간은 $\dfrac{a}{5}$ 시간, 올

때 걸리는 시간은 $\dfrac{a}{3}$ 시간이다. 왕복하는 동안의 평균 속력

은 $\dfrac{거리}{시간}$ 의 공식을 이용하여 $\dfrac{2a}{\dfrac{a}{5}+\dfrac{a}{3}}$ 가 된다. 이것을 정리

하면 $\dfrac{15}{4}$ 이다.

답 $\dfrac{15}{4}$ km/h

번분수^{繁分數}란 분수의 분자와 분모 중 적어도 하나가 분수인 복잡한 분수이다. 보통 분수는 $\dfrac{분자}{분모}$ 로 나타낸다. 번분수는 분모나 분자에 적어도 하나가 분수인 분수이다. 번분수의 형태를 알아보면 $\dfrac{\frac{d}{c}}{\frac{b}{a}}$ 로 나타낼 수 있다. 분모의 $\dfrac{b}{a}$ 와 분자의 $\dfrac{d}{c}$ 가 있다. 계산은 분모의 b와 분자의 c의 곱을 분모로, 분모의 a와 분자의 d의 곱을 분자로 나타내면 된다. 즉 $\dfrac{a \times d}{b \times c}$ 로 계산한다.

예를 하나 들어보자. $\dfrac{\frac{4}{7}}{\frac{2}{3}}$ 라는 번분수를 간단히 계산하면, $\dfrac{3 \times 4}{2 \times 7}$ $= \dfrac{12}{14} = \dfrac{6}{7}$ 이다.

그렇다면 $\dfrac{2}{\frac{2}{3}}$ 는 어떻게 계산할 수 있을까? 우선 분자에 있는 2를 $\dfrac{2}{1}$ 로 고친다. 그리고 다시 $\dfrac{2}{\frac{2}{3}} = \dfrac{\frac{2}{1}}{\frac{2}{3}} = \dfrac{3 \times 2}{2 \times 1} = 3$으로 계산할 수 있다.

문제 3은 다음처럼 계산한다.

$$\frac{2a}{\frac{a}{5} + \frac{a}{3}} = \frac{\frac{2a}{1}}{\frac{a}{5} + \frac{a}{3}} = \frac{\frac{2a}{1}}{\frac{3a + 5a}{15}} = \frac{15 \times 2a}{(3a + 5a) \times 1} = \frac{30a}{8a} = \frac{15}{4}$$

문자식에서 시작하는 대입

대입^{代入}이란 문자를 사용한 식에서 그 식에 포함한 문자에 어떤 수가 주어지는 경우, 식에 들어 있는 문자 대신에 수를 넣는 것을 말한다. 문자식에 숫자를 넣으면 그 값이 구체적이 된다. 예를 들어 500원짜리 연필 x자루와 300원짜리 지우개 2개의 값은 $500x+300\times2=500x+600$(원)이다. 여기서 500원짜리 연필의 개수가 주어지지 않았기 때문에 연필의 값은 $500x$로 쓸 수 있지만, 연필의 개수가 3개로 주어진다면 1500원이 된다. 즉 $x=3$을 대입하여 그 값을 정하게 된 것이다.

$\frac{1}{7}x+6$의 문자식에서 $x=7$을 대입하면, $\frac{1}{7}\times7+1=2$가 된다. $x=-1$일 때, x^2과 $-x^2$의 차이에 대해 알아보자.

x^2에 $x=-1$을 대입하면, $x^2=(-1)^2=1$이 된다. 그러나 $-x^2$은 $(-1)\times x^2$인 것을 감안하여 $-x^2=(-1)\times(-1)^2=-1$이다. 여기서 주의할 것은 음수를 대입할 때에는 괄호를 쳐서 대입한다.

대입을 통하여 도형 문제를 풀어보자. 한 변의 길이가 a인 정삼각형이 있다. 이 정삼각형의 둘레를 l로 하면 $l=3a$가 된다.

가로, 세로의 길이가 a, b인 직사각형의 둘레 $l=2a+2b$가 된다. 또한 넓이 $S=ab$이다. 여기서 가로, 세로의 길이가 숫자로 주어진다면 쉽게 구할 수 있다. $a=2$,

$b=3$이면 $l=2\times2+2\times3=10$이다. 반지름이 r인 원주 $l=2\pi r$ 이고, 원의 넓이 $S=\pi r^2$이다. 반지름 r이 4로 주어지면 원 주 $l=2\pi\times4=8\pi$, 원의 넓이 $S=\pi\times4^2=16\pi$이다.

문제**1** $x=-1$, $y=8$, $z=12$일 때 $x+y+z$의 값을 구하여라.

풀이 $x+y+z=(-1)+8+12=19$

답 19

문제**2** 반지름이 r인 반원의 넓이를 문자식으로 나타내고, 반지름이 2일 때 값을 구하여라.

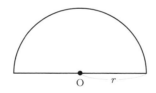

풀이 원의 넓이는 πr^2이므로 반원의 넓이는 문자식으로 나타내면 $\frac{1}{2}\pi r^2\left(\text{또는 } \frac{\pi r^2}{2}\right)$이다. 반지름의 길이가 2이므로 r에 2를 대입하면 $\frac{1}{2}\pi \times 2^2 = 2\pi$.

답 $\frac{1}{2}\pi r^2\left(\text{또는 } \frac{\pi r^2}{2}\right)$, 2π

단항식과 다항식

대입에 대해 알아보았으면, 단항식과 다항식에 대해 알아보자.

$3x + 7y + 8$의 식을 보자. 이 식에서 $3x$, $7y$, 8을 항이라 한다. $\frac{1}{7}x + 3$에서 항은 $\frac{1}{7}x$와 3이 된다. 만약 $2x$, $4y$, 11이 각각 있다면 이것은 단항식_{單項式}이다. 단항식은 말 그대로 항이 하나인 식이다. $37x - 4y$는 항이 2개이며, $\frac{1}{26}x + 47y + 9$는 항이 3개이다. 이처럼 항이 두 개 이상인 식을 다항식_{多項式}이라 한다.

그러면 다시 $\frac{1}{26}x + 47y + 9$의 식에서 $\frac{1}{26}$, 47처럼 문자 앞의 숫자는 무엇으로 정의할까? $\frac{1}{26}$, 47은 계수_{係數}, 9는 상수항_{常數項}이다.

다항식의 차수

어떤 문자에 관한 차수가 1인 다항식을 그 문자에 관한 일차식이라 한다. 문제를 풀 때는 가장 높은 차수가 1차인지 확인을 해야 한다. $x^2 + 2x + 3$은 $2x$라는 일차항이 있어도 x^2이 가장 높은 이차항이므로 일차식이 아니다. $x + 7$에서 차수가 가장 큰 항은 x이다. 여기서 7은 상수항으로 차수를 따지지 않는다(상수항은 차수가 없다). x의 차수는 1이므로 $x + 7$은 일차식이다. 그러나 $xy^2 + 4$의 경우에는 $x \times y \times y + 4$이므로 x의 차수가 1차이지만 y의 차수가 2차이므로 3차식이다. 마찬가지로 $x^2 y^3$의 경우에도 $x \times x \times y \times y \times y$이므로 x에 관한 2차, y에 관한 3차로 5차식이다.

문제 **1** 다음 중에서 일차식은?

① $x^3 + 9$ ② $\dfrac{1}{3}x$ ③ $0 \times x + 4$

④ $\dfrac{1}{3}x^5 + x$ ⑤ $x^4 + x^2 + \dfrac{1}{2}$

풀이 ① $x^3 + 9$는 가장 높은 차수가 3차이므로 3차식이다.

② $\dfrac{1}{3}x$는 단항식으로 1차식이다.

③ $0 \times x + 4$은 $0 \times x$가 0이되고, 값이 4가 되므로 상수식이 된다.

④ $\dfrac{1}{3}x^5 + x$는 가장 높은 차수가 5차이므로 5차식이다.

⑤ $x^4 + x^2 + \dfrac{1}{2}$ 은 가장 높은 차수가 4차이므로 4차식이다.

답 ②

문제 **2** 식 $x - 2y + 7$에 대한 설명 중 틀린 것은?

① 일차식이다.   ② 항이 3개인 다항식이다.

③ 상수항이 7이다.   ④ 단항식이다.

⑤ y의 계수는 -2이다.

풀이 $x - 2y + 7$은 항이 3개인 다항식이다. 따라서 ④가 틀린 설명이다. 그리고 y의 계수는 2가 아닌 -2가 됨을 주의한다. 왜냐하면 $x - 2y + 7$은 원래 $x + (-2y) + 7$이므로 y의 계수는 -2이기 때문이다.

답 ④

$x+2x$와 $y+4y$는 간단히 하면 각각 $3x$와 $5y$가 된다. 이는 $x+2x$는 1개의 x와 2개의 x가 더해져서 $3x$가 되기 때문이다. $y+4y$는 y가 5개이므로 $5y$가 된다. $x+2x=1\times x+2x=(1+2)x$ $=3x$가 되어 $y+4y=1\times y+4y=(1+4)y=5y$가 된다. 이처럼 문자와 차수가 같은 항을 동류항同類項이라고 하는데, $x+2x$에서 x, $2x$는 차수가 1차인 항이며, 서로 더할 수 있다. 즉 x와 $2x$는 동류항이다. $y+4y$에서 y와 $4y$도 동류항이다. 동류항의 계산은 계수끼리의 합과 차의 계산이 가능하다. 따라서 다음과 같이 나타낼 수 있다.

$$ax+bx=(a+b)x$$
$$ax-bx=(a-b)x$$

수의 다항식 나눗셈은 문자항이 나오더라도 그 문자항을 숫자로 생각하고 계산할 수 있다.

$(8x-4)\div2$의 경우를 보자. $8x-4$를 분자로 하고 2를 분모로 하면 $\dfrac{8x-4}{2}$로 나타낸다.

이때 $\dfrac{8}{2}x-\dfrac{4}{2}$를 두 개의 항으로 나누어 쓴 후 x의 계수 $\dfrac{8}{2}$과 상수항 $-\dfrac{4}{2}$를 약분하면 $4x-2$가 된다.

$\dfrac{x+7}{8}-\dfrac{3x+8}{4}$도 계산하는 식으로 생각해보자. 분모를 8로 통

분하면 $\dfrac{x+7-6x-16}{8}$ 이 된다. 이 경우 분자의 동류항끼리 먼저

계산하며 $\dfrac{-5x-9}{8} = -\dfrac{5x}{8} - \dfrac{9}{8}$ 이 된다.

계산하다가 $-\dfrac{x+7}{2}$ 은 $-\dfrac{x}{2} + \dfrac{7}{2}$ 인지 $-\dfrac{x}{2} - \dfrac{7}{2}$ 인지 혼란스러울

때가 있다. $-\dfrac{x+7}{2} = -1 \times \left(\dfrac{x+7}{2} \right) = -\dfrac{x}{2} - \dfrac{7}{2}$ 이 된다.

$-a \times (b+c) = -ab - ac$ 이며, $-a(b-c) = -ab + ac$ 이다.

문제 1 $6x+8x+9x$ 를 계산하여라.

풀이 $6x+8x+9x=(6+8+9)x=23x$

답 $23x$

문제 2 $3(a+7)-2(a+1)$ 를 계산하여라.

풀이 $3(a+7)-2(a+1)=3a+3\times7-2a-2=a+19$

답 $a+19$

문제 3 $\dfrac{2}{9}(a+1)-\dfrac{1}{3}(a-4)$ 를 계산하여라.

풀이

$$\dfrac{2}{9}(a+1)-\dfrac{1}{3}(a-4)$$

$$=\dfrac{2}{9}a+\dfrac{2}{9}-\dfrac{1}{3}a+\dfrac{4}{3}$$

동류항끼리 먼저 나열한다.

$$=\dfrac{2}{9}a-\dfrac{1}{3}a+\dfrac{2}{9}+\dfrac{4}{3}$$

분모를 9로 통분한다.

$$=\dfrac{2}{9}a-\dfrac{3}{9}a+\dfrac{2}{9}+\dfrac{12}{9}$$

계산이 끝날 때까지는 중간에
약분을 하지 않는 것이 더 편리하다.

$$=-\dfrac{a}{9}+\dfrac{14}{9}$$

답 $-\dfrac{a}{9}+\dfrac{14}{9}$

❷ 등식과 방정식, 항등식

등식

$3x + 100 = 2x + 700$과 같이 등호 '='를 사용해 두 수 또는 식이 같음을 나타낸 식을 등식^{等式}이라고 한다.

$$3x + 100 = 2x + 700$$

좌변   우변

양변

등식에서 등호의 왼쪽에 있는 부분을 좌변, 오른쪽에 있는 부분을 우변이라 하고, 좌변과 우변을 통틀어 양변이라고 한다. 등식은 좌변과 우변이 균형을 이룬 지렛대라 할 수 있다.

$2x + 8 = 9$는 등식이고, $2x + 7$이거나 $8 > -9$는 등식이 아니다. 왜냐하면, $2x + 7$은 등호가 없고, $8 > -9$는 부등호를 사용하였기 때문이다.

등식에는 참인 등식과 거짓인 등식이 있다. $2 + 8 = 10$은 참인 등식이며, $2 - 1 = 7$은 거짓인 등식이다. 계산결과에 따라 참인 등식과 거짓인 등식이 있는 것이다.

방정식

등식 $2x = x + 2$는 x에 2를 대입할 때만 좌변과 우변이 같으므로 참이 되고, 그 외의 값을 대입하면 좌변과 우변의 값이 다르므로 거짓이 된다. 이처럼 x의 값에 따라 참이 되기도 하고, 거짓이 되기도 하는 등식을 x에 대한 방정식方程式이라고 한다. 문자 x를 미지수로 하고, 방정식의 참이 되게 하는 x를 그 방정식의 해 또는 근이라고 한다.

등식 $4x - 3 = 1$은 $x = 1$일 때 참이 되고, $x = 2$일 때 거짓이 되므로 방정식이다. 따라서 1은 방정식 $4x - 3 = 1$의 해이다. 마지막으로 등식이 방정식이 되기 위해서는 미지수가 있어야 한다.

항등식

$x + x = 2x$와 같이 x에 어떤 값을 대입하여도 등식이 항상 참이 되는 것이 있다. 이러한 등식을 x에 대한 항등식恒等式이라 한다. 항등식은 좌변과 우변을 계산하였을 때 좌변과 우변이 같은 식이 되는 특성이 있다. 그러나 $0 = 0$과 같은 좌변과 우변이 숫자로만 이루어져 있는 등식은 항등식이 아니다. 대입할 미지수가 적어도 $0 \times x = 0$같이 되어 있어야만 하기 때문이다. 항등식은 미지수 x에 대입할 값이 있어야 한다.

문제**1** 다음 중 등식인 것은?

① $x + 3x$ ② $2x - 3 = 7$ ③ $x > 6$

④ $x + y = 5$ ⑤ $x + 3x > 2$

풀이   ① 문자식   ② 등식   ③ 부등식

④ 미지수가 x, y 두 개인 등식   ⑤ 부등식

답   ②, ④

문제**2** 다음 등식에서 x에 대한 항등식을 모두 찾아라.

① $2x - 1 = x - 1$ ② $2x + 2 = 2(x + 1)$

③ $3x - 1 = -1 + 3x$ ④ $4x + 1 = 3x + 1$

풀이   ① $2x - 1 = x - 1$은 좌변과 우변의 x에 관한 계수가 각각 2, 1로 다르므로 항등식이 아니다. $x = 0$을 대입하였을 때만 성립하므로 방정식이다.

② 좌변과 우변을 정리하면 $2x + 2 = 2x + 2$이므로 항등식 이다.

③ $3x - 1 = -1 + 3x$에서 우변의 $-1 + 3x$를 $3x - 1$로 순서 만 바꾸어주면 항등식이 됨을 알 수 있다.

④ $4x + 1 = 3x + 1$은 $x = 0$일 때 성립하므로 방정식이다.

답   ②, ③

등식의 성질

등식의 양변에 같은 수를 더하거나 빼거나 곱하거나 0이 아닌 수로 나누어도 등식은 성립한다. 등식에 가감승제^{加減乘除}가 있는 것이다. 따라서 등식의 성질에는 다음의 네 가지가 있다.

등식의 성질 (1) 양변에 같은 수를 더하여도 등식은 성립한다.

$$a=b \text{이면 } a+c=b+c$$

등식의 성질 (1)을 이용하여 간단한 방정식을 풀어보자.
$x-4=8$의 경우,

$$x-4=8$$
$$x-4+4=8+4 \qquad \text{등식의 성질 (1)}$$

양변에 4를 더한다

$$\therefore x=12$$

등식의 성질 (2) 양변에 같은 수를 빼어도 등식은 성립한다.

$$a=b \text{이면 } a-c=b-c$$

등식의 성질 (2)를 이용하여 간단한 방정식을 풀어보자.
$x+6=12$의 경우,

$$x + 6 = 12$$

$$x + 6 - 6 = 12 - 6 \quad \text{등식의 성질 (2)}$$

양변에 6을 뺀다

$$\therefore x = 6$$

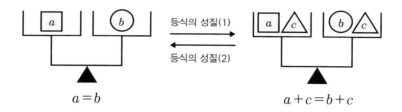

$$a = b \qquad\qquad a + c = b + c$$

⇨ 평형을 이루고 있는 저울에 무게가 같은 추를 더하거나 빼어도 저울은 평형을 유지하게 된다.

등식의 성질 (3) 등식의 양변에 같은 수를 곱하여도 등식은 성립한다.

$$a = b\text{이면} \ a \times c = b \times c$$

등식의 성질 (3)을 이용하여 간단한 방정식을 풀어보자.

$\frac{1}{6}x = 7$의 경우,

$$\frac{1}{6}x = 7$$

$$\frac{1}{6}x \times 6 = 7 \times 6 \quad \text{등식의 성질 (3)}$$

양변에 6을 곱한다

$$\therefore x = 42$$

등식의 성질 (4) 등식의 양변을 0이 아닌 수로 나누어도 등식은 성립한다.

$$a = b \text{이면, } \frac{a}{c} = \frac{b}{c} \ (c \neq 0)$$

등식의 성질 (4)를 이용하여 간단한 방정식을 풀어보자.
$5x = 10$의 경우,

$$5x = 10$$

$$\frac{5x}{\boxed{5}} = \frac{10}{\boxed{5}}$$ 등식의 성질 (4)

양변을 5로 나눈다

$$\therefore x = 2$$

여기서 주의할 것은 $c \neq 0$이라는 것인데, 유리수의 형태 $\frac{\text{분자}}{\text{분모}}$ 에서 보듯이 분모가 0이면 유리수가 존재하지 않는다. 등식도 마찬가지로 0으로 나누게 되면 분모가 0이 되므로 등식이 성립하지 않는다.

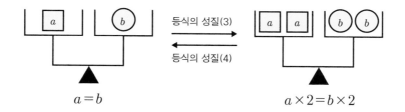

$$a = b \qquad\qquad a \times 2 = b \times 2$$

⇨ 평형을 이루고 있는 저울에 무게가 같은 추를 배수로 늘리거나

줄여도 저울은 평형을 유지한다. 위의 그림은 무게가 같은 추를 두 배로 늘리거나 줄인 것을 나타냈다. 무게가 같은 추를 2배, 3배, 4배, …로 늘리거나 줄여도 등식은 성립한다.

문제1 $2(x-4)=x+20$을 풀어라.

풀이 $2(x-4)=x+20$

좌변을 정리하면

$2x-8=x+20$

양변에 8을 더하면

$2x=x+28$

양변에 x를 빼면

$\therefore\ x=28$

답 $x=28$

문제2 $-2x+16=5x-4$를 풀어라.

풀이 $-2x+16=5x-4$

양변에 16을 빼면

$-2x=5x-20$

양변에 $5x$를 빼면

$-7x=-20$

$\therefore\ x=\dfrac{20}{7}$

답 $x=\dfrac{20}{7}$

문제**3** 방정식 $|x-8|=27$을 풀어보아라.

풀이 절댓값이 양수이면 $x-8=27$, 양변에 8을 더하면 $x=35$

절댓값이 음수이면 $x-8=-27$, 양변에 8을 더하면 $x=-19$

$\therefore x=-19$ 또는 35

(해 또는 근을 쓸 때는 작은 수부터 큰 수로 순서대로 나열한다.)

답 $x=-19$ 또는 35

여기서 ✅ **Check Point**

$|x|=a$에서 $x\geq0$이면 $x=a$

$|x|=a$에서 $x<0$이면 $x=-a$

---

③ 일차방정식

일차방정식이란 (일차식)=0의 형태로 나타낼 수 있는 방정식을 말한다. 등식 $6x+1=2x-9$가 $4x+10=0$이 되면 이 식은 일차방정식이다. 등식 $7x+5=12+7x$는 $-7=0$이 되어 이 등식은 일차방정식이 아니다. $7x^2+2x+3=7x^2+4$의 경우는 어떠할까? 이 식을 정리하면, $2x-1=0$이 된다. (일차식)=0이므로 일차방정식이다. 따라서 일차방정식은 x에 관한 일차방정식 $ax+b=0$에서 $a \neq 0$ 조건에 만족해야 한다.

이항을 이용한 일차방정식의 풀이

모든 일차방정식에 등식의 성질을 이용하면 좋겠지만 이항도 이용하여 문제를 푼다. 이항^{移項}이란 등식의 한 변에 있는 항을 그 부호를 바꾸어 다른 변으로 옮기는 것을 말한다. 이항을 하기 전에 (일차식)=0으로 바꾸어야 한다는 개념을 알 필요가 있다. 좌변은 미지수의 항을 가지고 우변은 상수항을 가지는 형태가 되어야 하는 것이다.

예를 하나 들어보자. $8x+9=2x+3$이라는 등식에서 우변에 있는 $2x$를 좌변으로 이항해보자.

$$8x + 9 = 2x + 3$$

$$8x + 9 - 2x = 3$$

동류항 $8x$와 $2x$를 먼저 계산하면

$$6x + 9 = 3$$

좌변의 상수항 9를 우변으로 이항하면

$$6x = 3 - 9$$

$$\therefore x = -1$$

소수를 포함한 일차방정식의 풀이

계수가 분수 또는 소수로 되어 있는 일차방정식은 양변에 알맞은 수를 곱해 계수를 정수로 만든 다음 일차방정식을 푼다.

예를 들어 $0.6x + 0.5 = 0.2x - 0.7$을 풀어보자. 계수와 상수의 소숫점이 첫째 자릿수까지 나타나 있다. 이때 생각할 수 있는 것이 양변에 10을 곱해 정수로 만드는 것이다. 그리고 이항을 해서 풀면 된다.

$$0.6x + 0.5 = 0.2x - 0.7$$

양변에 10을 곱하면

$$6x + 5 = 2x - 7$$

이항하여 정리하면

$$4x = -12$$

양변을 4로 나누면

$$\therefore x = -3$$

계수의 소숫점이 첫째 자릿수와 둘째 자릿수까지 나타낸 식도 있다. 그럴 때는 소숫점 둘째 자릿수에 맞추어 양변에 100을 곱한다. 예를 들어 $0.02x+0.3=0.9x+0.07$을 풀어보자.

$$0.02x+0.3=0.9x+0.07$$

양변에 100을 곱하면

$$2x+30=90x+7$$

이항하여 정리하면

$$-88x=-23$$

양변을 -88로 나누면

$$\therefore x=\frac{23}{88}$$

분수를 포함한 일차방정식의 풀이

분수를 포함한 일차방정식은 분모의 최소공배수를 곱해 계수를 정수로 만든 후 푼다. 예를 들어 $\frac{1}{2}x+5=\frac{2}{3}x-9$을 보면 양변의 x의 계수가 각각 $\frac{1}{2}$과 $\frac{2}{3}$인 것을 알 수 있다. 분모의 2와 3의 최소공배수는 6이므로 양변에 6을 곱해 계수를 정수로 만들어 계산한다.

$$\frac{1}{2}x + 5 = \frac{2}{3}x - 9$$

양변에 분모의 최소공배수인 6을 곱하면

$$\left(\frac{1}{2}x + 5\right) \times 6 = \left(\frac{2}{3}x - 9\right) \times 6$$

양변을 전개하면

$$3x + 30 = 4x - 54$$

이항하여 정리하면

$$-x = -84$$

양변을 -1로 나누면

$$\therefore x = 84$$

문제**1** $5x - 4 = -2x + 10$을 풀어라.

풀이 우변에 있는 $-2x$를 좌변으로 이항하여 정리하면,

$$5x - 4 + 2x = 10$$
$$7x - 4 = 10$$

좌변에 있는 -4를 우변으로 이항하여 정리하면

$$7x = 10 + 4$$
$$7x = 14$$

양변을 7로 나누면

$$\frac{7x}{7} = \frac{14}{7}$$
$$\therefore x = 2$$

답 $x = 2$

문제**2** $\dfrac{x}{2} + \dfrac{1}{4} = 1$을 풀어라.

풀이 계수가 유리수이므로 양변에 분모 2와 4의 최소공배수 4를 곱

하면,

$$2x + 1 = 4$$

1을 우변으로 이항하여 정리하면

$$2x = 4 - 1$$
$$2x = 3$$

양변을 2로 나누면

$$\frac{2x}{2} = \frac{3}{2}$$

답 $x = \dfrac{3}{2}$

문제 3 $0.2x - 0.4 = 0.7$을 풀어라.

풀이 계수가 소수이므로 양변에 10을 곱하면,

$2x - 4 = 7$

　　　　　　　 -4를 우변으로 이항하여 정리하면

$2x = 7 + 4$

$2x = 11$

　　　　　양변을 2로 나누면

$$\frac{2x}{2} = \frac{11}{2}$$

$$\therefore x = \frac{11}{2}$$

답 $x = \dfrac{11}{2}$

일차방정식이 특수한 해를 가지는 경우

일차방정식 중에는 특수한 해를 가지는 등식이 있는데, 다음의 두 가지 경우가 있다.

⑴ 수 전체의 집합을 해로 가지는 경우, 즉 모든 해가 항상 성립하는 경우이다.

항등식이 가장 적절한 예이다. $2x+1=1+2x$에서 좌변과 우변이 같은 등식이며, 정리하면 $0 \times x = 0$이 되어 해가 무수히 많게 됨을 알 수 있다. 일차방정식을 풀었을 때 $0 \times x = 0$으로 정리하면 수 전체의 집합을 해로 갖는다.

⑵ 해집합이 공집합을 갖는 경우이다. 즉 해가 없는 경우이다.

$2x+1=2x+4$의 경우는 $0 \times x = 3$이 된다. 이때 0에 어떤 수를 곱하여도 만족하는 x는 구할 수 없다.

문제 1 $2x-a=3+bx$의 해가 무수히 많을 때 ab의 값은?

풀이 $2x-a=3+bx$

$(2-b)x=3+a$

여기서 $b=2$, $a=-3$일 때 $0\times x=0$의 형태이므로 x는 무수히 많다. $\therefore ab=-6$

답 -6

문제 2 $3x+9=px+8$이 해가 없을 때 p의 값을 구하여라.

풀이 $3x+9=px+8$

$(3-p)x=-1$ 이항하여 정리하면

해가 없기 위해서는 x의 계수 $3-p=0$이므로 $p=3$.

답 3

문제 **3** x에 대한 방정식 $\dfrac{0.2(x+1)}{t}=\dfrac{0.1(x+2)}{5}$의 해가 없을 때 t의 값을 구하면? (단 $t \neq 0$)

풀이 $\dfrac{0.2(x+1)}{t}=\dfrac{0.1(x+2)}{5}$ 에서,

t와 5는 서로소[※]이므로 양변에 $5t$를 곱한다.

$$5t \times \frac{0.2(x+1)}{t}=5t \times \frac{0.1(x+2)}{5}$$

$$x+1=0.1t(x+2)$$

$$x+1=0.1tx+0.2t$$

양변에 10을 곱하면

$$10x+10=tx+2t$$

$$(10-t)x=2t-10$$

$$x=\frac{2t-10}{10-t}$$

$t=10$이면 분모가 0이 되어 해가 없다.

답 10

④ 일차방정식의 활용문제

    일차방정식의 활용문제는 식을 얼마나 잘 세우느냐에 따라 결정된다. 일차방정식의 활용문제는 수량 관계를 방정식으로 잘 나타내야 하고, 여러 응용문제를 아울러 많이 풀어보는 것이 효과적이다.

    일차방정식의 문제를 해결하는 방법은 문제를 정확히 파악하고, 무엇을 미지수로 놓을 것인지부터 정해야 한다. 그리고 그 미지수와 문제에서 요구하는 의도에 맞게끔 문제의 식을 설정하고, 방정식을 풀어야 한다. 마지막으로는 검토를 반드시 해야 한다. 이에 대한 것은 다음처럼 나타낼 수 있다.

> 1. 문제의 뜻을 명확하게 파악하여, 구하려는 것이 무엇인지 알아낸다.
>
> ⬇
>
> 2. 알고 있는 것과 구하려는 것을 분명하게 구분하고, 구하려는 것을 미지수 x로 놓는다.
>
> ⬇
>
> 3. 문제에서 같은 두 양을 찾아 등호를 사용해 방정식을 세운다.
>
> ⬇
>
> 4. 이 방정식을 풀어 x값을 구한다.
>
> ⬇
>
> 5. 구한 해가 문제의 뜻에 맞는지 검토한다.

〈일차방정식의 활용문제 푸는 순서〉

도형에 관한 일차방정식의 활용문제

도형은 방정식에서 많은 부분을 차지한다. 그만큼 활용한 문제가 많으며, 일상생활에서 쓰이는 경우도 종종 있다. 도형에 관한 일차방정식의 활용문제는 길이와 넓이를 묻는 문제가 대부분이다.

일차방정식의 활용문제에서 가장 먼저 도형에 관한 활용문제를 풀어보자.

직사각형의 가로의 길이가 세로의 길이보다 4cm 더 길고, 둘레가 56cm이다. 이 직사각형의 세로의 길이를 구하라는 문제가 나온다면, 가장 먼저 길이가 미지수라는 것을 알아야 한다. 미지수 x를 가장 먼저 생각했으면 그림을 그려 본다.

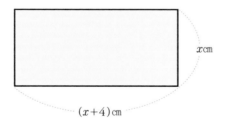

가로의 길이를 $(x+4)$cm, 세로의 길이를 $x$cm로 하면 직사각형의 둘레가 56cm이므로 $2(x+4)+2x=56$으로 식을 설정할 수 있다. 이 식을 풀면 $x=12$이다. 즉 가로의 길이는 $(x+4)$cm이므로 16cm이고, 세로의 길이는 $x$cm이므로 12cm이다.

다른 방법은 가로의 길이를 $x$cm로 하고, 세로의 길이를 $(x-4)$cm

로 하는 방법이다. 그림으로 나타내면 다음과 같다.

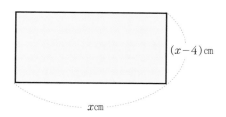

식을 세우면 $2x + 2(x-4) = 56$, $x = 16$이 된다. 여기서 가로의 길이는 16cm, 세로의 길이는 12cm로 같은 결과를 얻는다.

둘레가 34m이고, 가로의 길이가 세로의 길이의 2배보다 10m 짧은 직사각형 모양의 밭을 만들려고 한다. 가로의 길이를 몇 m로 하면 되는가? 라는 문제를 풀 때는, 우선 세로의 길이를 xm로 놓는다. 그리고 문제의 조건에 맞게 가로의 길이를 $(2x-10)$m로 놓으면 된다.

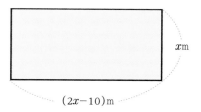

식을 세우면, $2(2x-10) + 2x = 34$ $\therefore$ $x = 9$이다. 따라서 가로의 길이는 $2x - 10$에서 $x = 9$를 대입한 8m이다.

문제 1 사다리꼴에서 아랫변의 길이가 28cm, 높이가 14cm일 때, 넓이가 280cm²가 되게 하려면 윗변의 길이를 얼마로 하면 되는지 구하여라.

풀이 윗변의 길이를 $x$cm로 놓으면 식은 다음처럼 세울 수 있다.

$(x+28) \times 14 \div 2 = 280$ ∴ $x = 12$

답 12cm

문제 2 가로, 세로의 길이가 각각 8cm, 4cm인 직사각형이 있다. 가로의 길이를 $x$cm, 세로의 길이를 3cm 길게 하였더니 넓이가 38cm² 만큼 커졌다. 늘어난 가로의 길이를 구하여라.

풀이 가로, 세로의 길이가 각각 8cm, 4cm인 직사각형의 넓이는 32cm²이다. 여기에서 가로의 길이가 $x$cm, 세로의 길이가 3cm 늘어났으므로 다음의 그림처럼 나타낼 수 있다.

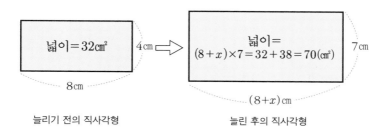

늘리기 전의 직사각형   늘린 후의 직사각형

늘어난 가로의 길이를 $(8+x)$cm로 하고, 세로의 길이를 7cm로 하면, 늘린 후의 직사각형의 넓이는 $(8+x) \times 7 = 70$이다. 따라서 $x = 2$가 되며 늘어난 가로의 길이는 2cm이다.

답 2cm

문제3 한 내각의 크기가 $40°$인 삼각형에서 나머지 두 내각 중 큰 내각의 크기가 작은 내각의 크기의 2배보다 $10°$가 작다. 이때 작은 내각의 크기를 구하여라.

풀이 삼각형의 세 내각의 크기의 합은 $180°$이다. 이 성질을 이용하여 문제를 풀면 된다.

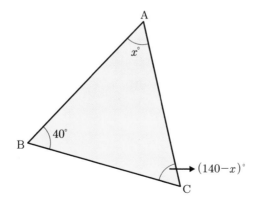

∠A를 큰 각으로 $x°$ 로 하고 ∠B를 $40°$ 로 하면 나머지 작은 각 ∠C는 $(140-x)°$ 가 된다. 큰 내각의 크기가 작은 내각의 크기의 2배보다 $10°$ 가 작으므로 $x=2(140-x)-10$ 으로 식을 세울 수 있다. ∴ $x=90$

작은 각 ∠C의 크기는 $(140-x)°$ 이므로 $50°$ 가 된다.

답 $50°$

여기서 ✅ **Check Point**

∠A + ∠B + ∠C = $180°$ 이며, ∠A + ∠B + ∠C =

$x+40+$ ☐ $=180$ 이다.

$x+40+$ ☐ $=180$

☐ $=180-x-40$

∴ ☐ $=140-x$

여기서 ∠C = $(140-x)°$ 가 된다.

나이에 관한 일차방정식의 활용문제

이번에는 일차방정식의 활용에 관한 문제에서 나이에 관한 문제를 알아보도록 하자. 나이에 관한 문제는 보통 두 사람 나이의 합과 차를 알고, 몇 년 후에 몇 살이 되는지에 관한 문제가 대부분이다. 아버지와 아들의 나이의 합이 50일 때 아버지의 나이는 x로 하자. 아들의 나이는 $(50-x)$가 된다. 그리고 아버지의 나이와 아들의 나이의 차가 30살이면 아버지의 나이를 $(x+30)$, 아들의 나이를 x로 정하면서 일차방정식의 활용으로 해결해 나가면 된다.

그리고 몇 년 후로 문제에서 주어졌을 때, 나이에 x년 후를 더하기도 한다. 이때는 아버지의 나이와 아들의 나이가 주어지는 경우가 많다. 그러면 다음의 예제를 풀어보자.

> 올해 아버지는 50살, 아들은 12살이다. 아버지의 나이가 아들의 나이의 2배가 되는 것은 몇 년 후인가?

아버지의 나이가 아들의 나이의 2배가 되는 해를 x년 후로 하면 x년 후의 아들의 나이는 $(12+x)$가 되며, 아버지의 나이는 $(50+x)$이다. 이때, 아버지의 나이가 아들의 나이의 2배이므로 식은 $50+x=2(12+x)$로 세울 수 있다. $\therefore x=26$이므로 26년 후에 아버지는 76살, 아들은 38살이 되므로 아버지의 나이가 아들의 2배가 된다.

문제 1 현재 아버지는 39살, 아들은 9살이다. 아버지의 나이가 아들의 나이의 3배가 되는 해는 몇 년 후인가?

풀이 아버지는 39살, 아들은 9살이므로 문제에서 아버지의 나이가 아들의 나이의 3배가 되는 해를 x년 후로 정한다.

x년 후의 아버지의 나이는 $(39+x)$, 아들의 나이는 $(9+x)$이다.

식을 세우면 $39+x=3(9+x)$ ∴ $x=6$

답 6년 후

문제 2 어머니의 나이와 아들의 나이의 차는 31이다. 어머니와 아들의 나이의 합은 91이다. 어머니와 아들의 나이를 각각 구하여라.

풀이 어머니의 나이를 $(x+31)$, 아들의 나이를 x로 할 때, 나이의 합이 91인 식을 세우면 다음과 같다.

$(x+31)+x=91$ ∴ $x=30$

어머니는 $(x+31)=(30+31)=61$살이고, 아들은 $x=30$살이다.

답 어머니 61살, 아들 30살

거리, 속력, 시간에 대한 일차방정식의 활용문제

거리, 속력, 시간에 대한 일차방정식의 활용문제는 출제 빈도가 높다. 그리고 난이도가 조금씩만 높아져도 오랜 시간이 걸릴 수 있고, 대체적으로 여러분이 어렵다고 생각할 수도 있다. 이 문제는 과학과도 연관이 깊으므로, 많은 관심을 가져야 할 것이다.

거리, 속력, 시간에 관한 문제에서 가장 먼저 알야야 할 공식은 다음과 같다.

$$거리 = 속력 \times 시간$$

$$속력 = \frac{거리}{시간}$$

$$시간 = \frac{거리}{속력}$$

위의 세 개의 공식은 거리＝속력×시간에서 나온 것이다. 그림으로 그려보면 다음과 같다.

위의 마우스 그림에서 거리는 일정한 속력으로 일정한 시간만큼 이동한 위치를 뜻할 수 있다. 따라서 거리＝속력×시간으로 한다. 그러

면 속력은 어떻게 나타낼까? 속력은 거리＝속력×시간을 이용하여 식을 유도할 수 있다.

$$거리 = 속력 \times 시간$$

양변을 시간으로 나누면

$$\frac{거리}{시간} = 속력$$

좌변과 우변의 위치를 바꾸면

$$속력 = \frac{거리}{시간}$$

그리고 시간을 나타낼 때에는 다음과 같은 순서대로 유도할 수 있다.

$$거리 = 속력 \times 시간$$

양변을 속력으로 나누면

$$\frac{거리}{속력} = 시간$$

좌변과 우변의 위치를 바꾸면

$$시간 = \frac{거리}{속력}$$

거리의 공식을 통하여 속력과 시간을 유도할 수 있음을 알 수 있다.

거리, 속력, 시간에 대한 일차방정식의 활용문제를 풀어보자.

창준이는 토요일에 뒷동산에 있는 산책로를 걸었다. 갈 때는 $3^{km}/_h$로 걷고, 올 때는 $4^{km}/_h$로 걸었더니 1시간 10분이 걸렸다. 산책로의 길이를 구하여라.

산책로의 길이를 x km로 하면 갈 때는 $\frac{x}{3}$ 시간, 올 때는 $\frac{x}{4}$ 시간으로 $\frac{7}{6}$ 시간(1시간 10분)이 걸렸다. 식을 세우면 $\frac{x}{3} + \frac{x}{4} = \frac{7}{6}$이다. $\therefore x = 2$이다. 즉 산책로의 길이는 2km이다.

문제1 320km 떨어져 있는 두 사람 A, B가 차를 타고 마주보고 동시에 출발한다. A는 85㎞/h로, B는 75㎞/h로 간다면 몇 시간 후에 만나겠는가?

풀이 그림을 먼저 그려본다.

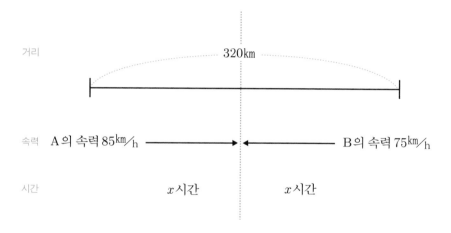

거리   320km

속력   A의 속력 85㎞/h   B의 속력 75㎞/h

시간 x시간 x시간

위의 그림처럼 거리, 속력, 시간을 써놓고 풀면 쉬울 때가 있다. 거리＝속력×시간을 이용하여 식을 세우면,

$85x + 75x = 320 \quad \therefore \quad x = 2$

답 2시간 후

문제 **2** 승환이와 희용이가 둘레가 450m인 운동장 트랙의 같은 지
점에서 같은 방향으로 동시에 출발하여 걷는다. 승환이는
80m/m로 걷고 희용이는 50m/m로 걸을 때 두 사람이 출발
한 지 몇 분 후에 만나게 될까?

풀이 거리의 공식을 이용하여 식을 세운다.

즉 승환이가 움직인 거리 − 희용이가 움직인 거리 = 450m

를 이용하여 식을 세운다. 승환이가 더 빠르므로 희용이보
다 한 바퀴를 더 돌았을 때 서로 만나게 된다.

$$80x - 50x = 450$$

$$\therefore x = 15$$

답 15분

문제 **3** 속력이 일정한 기차가 있다. 400m의 터널을 완전히 통과
하는데 10초가 걸리고, 850m의 철교를 완전히 통과하는데
20초가 걸린다. 기차의 길이를 구하여라.

풀이　기차의 길이를 xm로 정하고, 완전히 통과하는 길이는 기차의 길이 x + 터널 또는 철교의 길이로 정한다. 10초 동안에 400m의 터널을 통과하는 속력과 20초 동안에 850m의 철교를 통과하는 속력이 같은 것으로 세운 방정식은 다음과 같다.

$$\frac{400+x}{10} = \frac{850+x}{20}$$

$$\therefore x = 50$$

답　50m

농도에 관한 일차방정식의 활용문제

일차방정식의 활용에서 농도에 관한 문제는 자주 출제되는 문제이다. 이런 경우 농도만 공식에 맞게 문제가 주어진다면 별다른 어려움이 없지만, 실제로 농도를 이용하여 소금의 양이나 소금물의 양을 물어보는 문제가 많고 중간에 혼합하는 문제도 많다. 농도의 공식은 다음과 같다.

$$농도(\%) = \frac{소금의\ 양}{소금물의\ 양} \times 100$$

즉 농도는 소금물(소금물+소금)의 양에 소금의 양이 얼마나 녹아있는지를 나타내는 정도이다. 소금물이나 소금의 양 대신에 설탕물이나 설탕을 쓰기도 하고, 과학 시간에 나오는 혼합물로 문제가 나오기도 한다.

농도 공식을 이용하여 다음처럼 소금물의 양이나 소금의 양을 구하는 공식을 유도해보자.

$$농도 = \frac{소금의\ 양}{소금물의\ 양} \times 100$$

양변을 100으로 나누면

$$\frac{농도}{100} = \frac{소금의\ 양}{소금물의\ 양}$$

좌변과 우변을 바꾸면

$$\frac{소금의\ 양}{소금물의\ 양} = \frac{농도}{100}$$

양변에 소금물의 양을 곱하면

$$소금의\ 양 = \frac{농도 \times 소금물의\ 양}{100} = \frac{소금물의\ 양}{100} \times 농도$$

다시 농도의 공식을 이용하여 소금물의 양의 공식을 유도해 보자.

$$농도 = \frac{소금의 양}{소금물의 양} \times 100$$

$$\frac{농도}{100} = \frac{소금의 양}{소금물의 양}$$

양변에 소금물을 곱하면

$$\frac{농도}{100} \times 소금물의 양 = 소금의 양$$

양변을 $\frac{농도}{100}$ 로 나누면

$$소금물의 양 = \frac{100}{농도} \times 소금의 양$$

농도와 소금의 양은 공식을 암기해야 한다. 또 농도를 이용하여 소금물의 양과 소금의 양을 유도하는 과정은 연습이 필요한 만큼 문제를 많이 풀어보는 것이 좋다.

소금물 100g 중에 녹아 있는 소금의 양이 20g일 때 소금물의 농도는 $\frac{20}{100} \times 100 = 20\%$이다. 또, 6%의 소금물 200g 중에 녹아 있는 소금의 양은 $\frac{6}{100} \times 200 = 12g$이다.

일차방정식 61

문제1 5%의 소금물 200g이 있다. 이것에 몇 g의 물을 증발시키면
10%의 소금물이 되겠는가?

풀이 5%의 소금물 200g에는 소금의 양이 $\dfrac{5}{100} \times 200 = 10$g이 녹
아 있다. 여기에 증발시키는 물의 양을 xg으로 하면, 가열
후 농도는 10%이고, 소금물의 양은 $(200-x)$g이 된다. 소
금의 양은 $\dfrac{10}{100} \times (200-x) = \dfrac{1}{10}(200-x)$g이다. 실험을 나
타낸 그림은 다음과 같다.

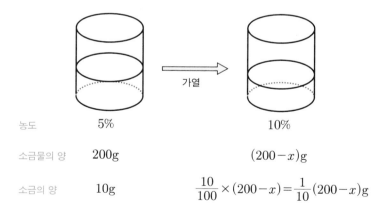

농도	5%	10%
소금물의 양	200g	$(200-x)$g
소금의 양	10g	$\dfrac{10}{100} \times (200-x) = \dfrac{1}{10}(200-x)$g

식을 세울 때에 변화가 없는 것이 하나가 있음을 알아야 하
는데, 이것이 소금의 양이다. 가열을 하더라도 소금의 양은

변화가 없기 때문이다. 소금의 양을 기준으로 식을 세우면,

$$\frac{1}{10} \times (200-x) = 10$$

$$\therefore x = 100$$

답 100g

문제 2 비커 속에 20%의 소금물 270g이 들어 있다. 여기에 몇 g의 물을 넣으면 12%의 소금물이 되겠는가?

풀이 소금물의 양에 관한 공식을 생각하여,

소금물의 양 $= \dfrac{100 \times 소금의 양}{농도}$ 으로 식을 세운다.

농도가 20%, 소금물의 양이 270g이며, 소금의 양 $= \dfrac{20}{100} \times 270 = 54$g이 된다.

이 비커 속에 xg의 물을 넣으면, 소금물의 양은 $(270+x)$g이며 농도는 12%이다. 소금의 양을 기준으로 식을 세우면 $\dfrac{12}{100} \times (270+x) = 54$이며, $x = 180$이다.

답 180g

문제 **3**   12%의 소금물 500g에 6%의 소금물을 섞어 10%의 소금물을 만들려고 한다. 6%의 소금물을 몇 g 섞으면 되겠는가?

풀이   소금의 양을 기준으로 한 공식을 사용한다. 그림은 다음과 같다.

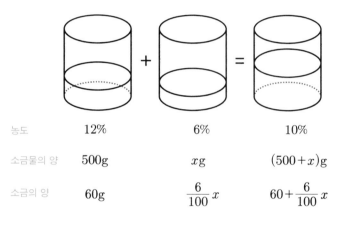

농도	12%	6%	10%
소금물의 양	500g	xg	$(500+x)$g
소금의 양	60g	$\dfrac{6}{100}x$	$60+\dfrac{6}{100}x$

식을 세우면 $60+\dfrac{6x}{100}=\dfrac{10}{100}\times(500+x)$ $\therefore x=250$

답   250g

일의 능률에 관한 일차방정식의 활용문제

일의 능률에 관한 문제는 일차방정식의 활용에서 자주 나오는 문제로, 풀어나가는 유형만 기억한다면 크게 어려움이 없는 문제이기도 하다. 보통 작업량과 작업 일수에 관한 문제가 나오며 여러 번의 연습을 요한다. 어떤 일을 x일 동안에 완성하면 하루에 일한 양은 전체의 $\frac{1}{x}$이다. 그리고 항상 전체의 일의 양을 1로 정하고 식을 세운다.

이에 대한 예제를 풀어보자.

> 어떤 일을 마치는데, 동연이는 15일, 창섭이는 12일 걸린다고 한다. 이 일을 창섭이가 4일 동안 한 후 동연이가 이어 한다면 동연이는 며칠 동안 일을 하게 되는가?

전체의 일을 1로 하고, 식은 $\frac{1}{12} \times 4 + \frac{1}{15}x = 1$

$\therefore x = 10$

동연이는 10일 동안 일을 해야 한다.

문제1 어떤 일을 완성하는데, 용규 혼자서 하면 10일이 걸리고, 용규와 성일이가 같이 하면 6일이 걸린다고 한다. 성일이 혼자서 이 일을 완성하려면 며칠이 걸리는가?

풀이 전체 일을 1로 하고, 용규가 하루에 일할 수 있는 양은 $\frac{1}{10}$, 성일이가 하루에 일할 수 있는 일의 양을 x로 하면, 식은 $\left(\frac{1}{10} + x\right) \times 6 = 1$이며, $x = \frac{1}{15}$

여기서 $\frac{1}{15}$ 은 전체 일인 1을 마치는데 15일이 걸린다는 의미이다.

답 15일

문제2 어떤 물통에 물을 가득 채우는 데 A 호스로는 2시간, B 호스로는 2.5시간이 걸린다. 그리고 C 호스로 가득찬 물을 빼는 데에는 5시간이 걸린다. A, B 두 호스로 물을 넣으면서 C 호스로 물을 뺀다면, 이 물통을 가득 채우는 데에 걸리는 시간은?(단, 시간을 질문했으므로 분을 말할 필요는 없다. 그러므로 시간으로만 답하여라)

풀이 물통에 가득 찬 물의 양은 1이다. 물통에 물을 가득 채우는 데 걸리는 시간을 x시간으로 하면, A 호스로 1시간 동안 전체 물의 양의 $\frac{1}{2}$을 넣을 수 있고, B 호스로 1시간 동안 전체 물의 양의 $\frac{1}{2.5}$를 넣을 수 있다. A호스와 B호스는 물을 넣는 호스이기 때문에 x시간 동안 물을 넣는다고 하면, 두 호스로 1시간 동안 물을 넣는 양을 더한 후 x시간을 곱해주면 된다. $\frac{1}{2.5}$ 은 분모와 분자에 각각 10을 곱하여 $\frac{10}{25} = \frac{2}{5}$ 로 나타낼 수 있다. 그리고 C호스는 1시간 동안 전체 물의 양의 $\frac{1}{5}$ 씩 빼낼 수 있다. 이에 따라 일차방정식을 세우면,

$$\left(\frac{1}{2} + \frac{2}{5} - \frac{1}{5} \right) x = 1$$

$$\therefore x = 1\frac{3}{7}$$

답 $1\frac{3}{7}$ 시간

시계에 관한 일차방정식의 활용문제

시계에 관한 일차방정식의 문제를 까다롭다고 생각하는 분들이 많다. 이런 경우 응용문제일수록 시간이 더 많이 걸리고 식을 세우는 것도 어려워한다. 이런 분들에게는 다음 방법을 권하고 싶다.

시계에 관한 문제가 나오면 그림을 그려보자. 그럼 시각화되어 쉽게 문제를 해결할 수 있을 것이다. 분침과 시침을 떠올린 뒤 분침과 시침은 1시간 동안 몇 °씩 움직이는지 그려보자.

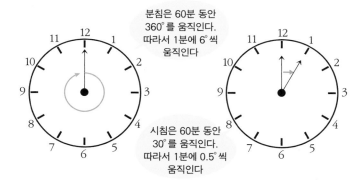

분침은 60분 동안 360°를 움직인다. 따라서 1분에 6°씩 움직인다

시침은 60분 동안 30°를 움직인다. 따라서 1분에 0.5°씩 움직인다

그림처럼 분침은 1시간인 60분 동안 360°를 움직이므로 1분에 6°씩 움직인다. 그러면 분침이 x분 동안 움직이는 크기는 $6x°$이다. 시침은 1시간인 60분에 30°를 움직이므로 1분에 0.5°씩 움직인다. 시침이 x분 동안 움직이는 각의 크기는 $0.5x°$이다. 이를 통해 시침은 분침보다 12배 느리다는 것을 알 수 있다.

시계 문제에서는 시침과 분침이 이루는 각을 묻는 문제가 많다. 거꾸로 시침과 분침이 이루는 각이 주어지고 시각을 묻는 문제도 많다.

시침과 분침이 1시와 2시 사이에서 일치하는 시각을 구하는 문제는 대략 다음처럼 그릴 수 있다.

시침과 분침이
이루는 각이 0°이다.
즉 시침과 분침이 일치한다.

시침은 1시부터 시작하므로 1시가 움직인 각 30°부터 시작해야 한다. 그리고 분침은 항상 숫자 12를 가리키는 지점에서 시작한다. 식을 세우면,

$$30 + 0.5x = 6x \quad \therefore x = 5\frac{5}{11}$$

즉 1시와 2시 사이에서 시침과 분침이 일치하는 시각은 1시 $5\frac{5}{11}$ 분이다. 문제를 풀다보면 시각은 물론 자연수가 나오지만 분은 양의 유리수로 나오는 경우가 종종 있다.

이번에는 시침과 분침이 180°를 이루는 시각을 알아보도록 하자. 예를 들어서 2시와 3시 사이에 180°를 이룰 때를 나타내면 다음 그림과 같다.

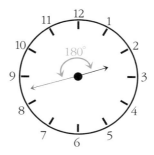

시침은 2시를 넘었으므로 $60+0.5x$로 세울 수 있고, 분침은 $6x$로 하면 식은 $6x-(60+0.5x)=180$이 된다. 분침과 시침의 차가 $180°$가 되기 때문이다.

이에 따라 $x=43\frac{7}{11}$이며, 2시 $43\frac{7}{11}$ 분이 된다.

시침과 분침이 $90°$를 이룰 때는 어떠할까? 7시와 8시 사이에 $90°$를 이루는 경우는 다음 그림처럼 두 가지가 있다.

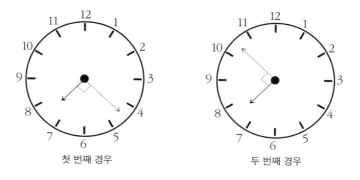

첫 번째 경우   두 번째 경우

첫 번째는 시침이 분침보다 앞서 있고, 시침과 분침이 이루는 각이 $90°$인 경우이다. 두 번째는 분침이 시침보다 앞서 있고, 시

침과 분침이 이루는 각이 90°인 경우이다. 이 두 가지 경우를 떠올리면서 식을 세우면, 식은 $|6x-(210+0.5x)|=90$이다.

$x=21\dfrac{9}{11}$, $54\dfrac{6}{11}$ 이며, 7시 $21\dfrac{9}{11}$ 분, 7시 $54\dfrac{6}{11}$ 분은 시침과 분침이 이루는 각이 90°이다.

문제1 5시와 6시 사이에서 시침과 분침이 $40°$를 이루는 시각을
구하여라.

풀이 $|6x - (0.5x + 150)| = 40$

∴ $x = 20,\ 34\dfrac{6}{11}$

답 5시 20분, 5시 $34\dfrac{6}{11}$분

문제2 7시와 8시 사이에서 시침과 분침이 $180°$를 이루는 시각을
구하여라.

풀이 다음처럼 그림을 그리면 시침과 분침이 이루는 각이 $180°$이
고, 시침이 분침보다 앞서 있다.

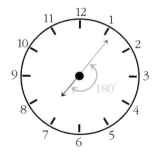

일차방정식을 세우면, $0.5x + 210 - 6x = 180$ $\therefore x = 5\dfrac{5}{11}$

7시와 8시 사이에서 시침과 분침이 $180°$를 이루는 시각은

7시 $5\dfrac{5}{11}$ 분이다.

답   7시 $5\dfrac{5}{11}$ 분

증가와 감소에 관한 일차방정식의 활용문제

일차방정식에서 증가와 감소에 관한 문제는 학생 수와 인구수의 증가와 감소에 관한 문제가 많다. 처음의 양 P에 대하여 $x\%$ 증가한 후의 양은 $P \times \left(1 + \dfrac{x}{100}\right)$ 이다. $x\%$ 감소한 후의 양은 $P \times \left(1 - \dfrac{x}{100}\right)$ 이다. 이 개념을 토대로 문제를 풀면 된다.

예제를 풀어보자.

> 작년 T 고등학교의 남녀 신입생 수는 500명이었다. 올해는 남녀 신입생 수를 증원하여 533명이 되었다. 올해 남녀 신입생 수를 6%, 7%로 각각 정했다면 남학생 수는 몇 명인가?

이 문제에서 작년 남자 신입생 수를 x명으로 하면, 작년 여자 신입생 수는 $(500-x)$명이다. 올해는 남학생 수가 작년보다 6% 증가하였으므로 $x \times (1+0.06)=1.06x$명이 되고, 여자 신입생 수는 7% 증가하였으므로 $(500-x)(1+0.07)=1.07(500-x)$명이 된다. 이에 대한 도표는 다음과 같다.

	작년		올해
남자 신입생 수	x(명)	6% 증가 $\longrightarrow$	$1.06x$(명)
여자 신입생 수	$500-x$(명)	7% 증가 $\longrightarrow$	$1.07(500-x)$(명)

올해의 남녀 신입생 수를 기준으로 식을 세우면, $1.06x + 1.07(500-x) = 533$, 이 식을 풀면 $x = 200$, 올해 남자 신입생 수는 $1.06 \times 200 = 212$명이다. 올해 여자 신입생 수는 $1.07 \times (500-200) = 321$명이다.

문제1 A시(市)는 작년에 비하여 남자 수가 20% 증가했고 여자 수는 30% 감소했다. 작년 인구는 20만 명이었고, 올해는 인구가 21만 명이면 올해 A시의 남자 수와 여자 수를 각각 구하여라.

풀이 A시의 작년 남자 수를 x명으로 하고, 여자 수를 $(200000 - x)$명으로 하자.

식은 $1.2x + (1 - 0.3) \times (200000 - x) = 210000$

$\therefore x = 140000$

올해 A시의 남자 수는 $1.2 \times 140000 = 168000$명

올해 A시의 여자 수는 $0.7 \times (200000 - 140000) = 42000$명

답 남자 수 168,000명, 여자 수 42,000명

문제2 지난달에 B포털 사이트의 이메일 사용자 수는 600명이었다. 이번 달은 지난달에 비해서 남자 사용자 수는 10%가 늘고, 여자 사용자 수는 20%가 줄었다. 하지만 지난달과 이번 달을 비교하니 사용자 수는 그대로 600명이었다. 이번 달 여자 사용자 수는 몇 명인가?

[풀이] B 포털 사이트의 지난달 남자 사용자 수는 x명, 여자 사용자 수는 $(600-x)$명으로 하자.

사용자 수는 전체 수가 600명이므로 식을 세우면,

$1.1x+(1-0.2)\times(600-x)=600$명이 된다. 일차방정식을 풀면 $x=400$, 남자 사용자 수는 $1.1\times400=440$명, 여자 사용자 수는 $0.8\times(600-400)=160$명이다.

[답] 160명

가격에 관한 일차방정식의 활용문제

가격에 관한 문제는 정가, 원가, 물가 상승률, 이익금액 등을 이용해 문제를 푼다. 이런 문제는 미지수를 어떤 것으로 정할 것인지가 중요하다.

정가는 원가에 이익을 더한 것이다. 우리가 생각하는 정가는 판매하는 가격으로 생각해도 된다. 그러므로 원가에 이익을 붙여서 판매자가 팔면 그것이 정가가 되는 것이다.

정가＝원가＋이익

그리고 이익 금액＝원가×이익률이라는 공식도 기억할 필요가 있다. 이익 금액은 원가에 이익이 될 비율을 곱한 것이다. x원의 물건에 20%의 이익이 되면 이익 금액은 $0.2 \times x = 0.2x$원이다. 다음 예제를 통하여 문제를 풀어보자.

어떤 물건의 원가에 30%의 이익을 붙여서 정가를 정했다. 이 정가에서 800원을 할인하여 팔았더니 10%의 이익을 얻었다. 이 물건의 원가를 구하여라.

이 문제에서 가장 먼저 원가를 x원으로 정해야 한다. 그러면 정가＝$x(1+0.3)=1.3x$가 된다. 계속해서 정가에서 800원을 할인하였으므로 정가에서 800원을 빼면 된다. 그리고 원가의 10%의 이익을 낸 것도 우변에 식을 쓴다. $1.3x-800=x(1+0.1)$, $\therefore x=4000$ 즉 원가는 4,000원이 된다.

문제 1 같은 가격으로 구입한 상품을 P 가게는 구입가의 20%의 이익을, S 가게는 25%의 이익을 붙여서 정가를 정했다. 그리고 는 P 가게는 정가보다 2,000원 싸게 팔고 S 가게에서는 정가의 14%를 인하하여 팔았더니 두 가게의 판매가는 같아졌다. 이 물건의 구입가를 구하여라.

풀이 구입가를 x원으로 하면, P 가게의 정가는 $1.2x$원, S 가게는 $1.25x$원이 된다. P 가게는 정가에서 2,000원을 싸게 팔았으므로 $(1.2x-2000)$원이 판매가가 된다. S 가게는 14%를 할인하였으므로 $1.25 \times (1-0.14)\,x = 1.075x$원이 판매가가 된다.

	정가	판매가
P 가게	$1.2x$원	$(1.2x-2000)$원
S 가게	$1.25x$원	$1.075x$원

식은 $1.2x-2000=1.075x$ ∴ $x=16000$

답 16,000원

문제 2 원가가 250원인 상품이 있다. 이 상품을 정가의 40%를 할인하여 판매하여도 20%의 이익이 남게 하기 위해서는 원가에

몇 %의 이익을 붙여서 정가로 정해야 하는지 답하여라.

풀이 원가의 이익비율을 x로 할 때에 식은 $250(1+x) \times (1-0.4)$
$=250 \times 1.2$ $\therefore x = 1$

여기서 주의할 것은 이익비율인 x가 1이므로 이익률은
100%가 된다는 것이다. 이것은 비율에 100을 곱하여 백분
율이 되는 것과 같은 이치이다.

답 100%

수에 관한 일차방정식의 활용문제

수에 관한 문제에서는 수의 규칙에 관한 일차방정식의 활용문제가 종종 나온다. 이런 경우에는 아래의 규칙을 이해한다면 문제를 푸는 데 많은 도움이 될 것이다.

연속하는 두 정수 $x,\ x+1$ 또는 $x-1,\ x$

연속하는 세 정수 $x-1,\ x,\ x+1$ 또는 $x,\ x+1,\ x+2$

연속하는 세 짝수 $x-2,\ x,\ x+2$ 또는 $x,\ x+2,\ x+4$

연속하는 세 홀수 $x-2,\ x,\ x+2$ 또는 $x,\ x+2,\ x+4$

두 수의 차가 7이고, 큰 수의 2배는 작은 수의 3배이다. 큰 수와 작은 수를 각각 구하라는 문제가 있다면, 우선적으로 큰 수를 $x+7$, 작은 수를 x로 하면 된다. 그리고 큰 수의 2배는 작은 수의 3배이므로 식을 세우면, $(x+7)\times2=x\times3$ $\therefore\ x=14$이다. 이에 따라 큰 수가 $x+7$이므로 21이 되고, 작은 수가 x이므로 14이다.

문제 **1** 연속한 세 짝수의 합이 228일 때, 세 짝수를 구하여라.

풀이 세 짝수를 $x-2$, x, $x+2$로 할 때 식을 세우면,

$(x-2)+x+(x+2)=228$ ∴ $x=76$

답 74, 76, 78

문제 **2** 십의 자릿수는 주어지지 않고, 일의 자릿수가 3인 두 자릿수의 자연수가 있다. 두 자릿수의 자연수에서 십의 자릿수와 일의 자릿수를 바꾸면 45가 작아진다. 두 자릿수의 자연수를 구하여라.

풀이 십의 자릿수가 주어지지 않고, 일의 자릿수가 3이므로 $10x+3$으로 나타낼 수 있다. 그리고 십의 자릿수와 일의 자릿수를 바꾼 수는 $3\times10+x=30+x$로 나타낼 수 있다. 식은 $10x+3-(30+x)=45$ ∴ $x=8$

따라서 십의 자릿수가 8이고, 일의 자릿수가 3인 자연수가 된다. 구하려는 자연수는 83이다.

답 83

문제 3 다음처럼 6개의 자연수를 묶어서 더한 합이 294일 때 처음
수는 무엇인가?

1	2	3	4	5	6	7	8	9	10
11	12	13	14	15	16	17	18	19	20
21	22	23	24	25	26	27	28	29	30
31	32	33	34	35	36	37	38	39	40

풀이 1, 2, 3, 11, 12, 13은 여섯 개의 숫자이지만 x, $x+1$, $x+2$,
$x+10$, $x+11$, $x+12$로 나타낼 수 있다. 16, 17, 18, 26,
27, 28도 마찬가지이다. 이때의 식은 $x+(x+1)+(x+2)+$
$(x+10)+(x+11)+(x+12)=294$ ∴ $x=43$

직사각형 안의 처음 수는 43이다. 따라서 43, 44, 45, 53,
54, 55의 합은 294이다.

답 43

의자에 관한 일차방정식의 활용문제

의자의 개수가 정해져 있고, 그 의자에 앉는 사람의 수 역시 정해져 있다. 이때 의자의 개수가 4개, 사람의 수가 51명이면 한 의자에 앉는 사람의 수는 몇 명일까?

$51 \div 4 = 12 \cdots 3$이므로 한 의자에 12명이 앉고, 3명의 사람은 앉지 못하게 된다. 의자 4개에는 사람이 앉을 수 있지만 3명의 사람은 앉지 못하게 되는 것이다. 그렇다면 13명씩 앉힌다면 의자는 3개에 $13 \times 3 = 39$명의 사람이 앉게 되고, 마지막 한 개의 의자에는 12명이 앉게 되어 한 명이 앉을 자리가 생긴다.

이러한 개념으로 의자에 관한 일차방정식의 활용문제가 주어지게 된다. 의자의 개수가 주어지지 않고 의자에 사람을 앉혔을 때, 앉는 사람과 앉지 못하는 사람의 수가 주어진다면 문제를 풀 수 있을지 생각해보자.

의자의 개수를 x개로 하고, 5명씩 앉혔을 때에는 앉지 못하는 사람이 3명으로 하자. 그러나 6명씩 앉히게 되었을 때 마지막 의자(x번째 의자)는 비지만 그 앞의 의자인 ($x-1$)번째 의자는 한 명이 앉을 수 있는 자리가 남는다고 해보자. 그림은 다음과 같다.

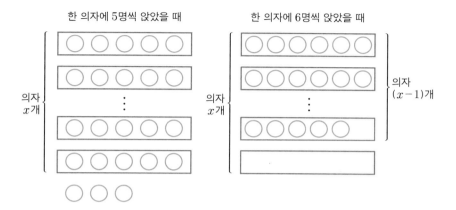

한 의자에 5명씩 앉았을 때   한 의자에 6명씩 앉았을 때

그림에서 ○은 사람 수를 뜻하며, 의자가 x개인 것은 변하지 않는다. 왼쪽 그림의 식은 의자의 개수×사람 수로 세우면, $5x+3$이 된다. 오른쪽 그림은 한 의자에 6명씩 앉혔을 때 의자 1개가 남게 되므로 의자는 $(x-1)$개만 필요하다는 것을 나타내는 식으로 세워야 한다. 이에 따라 식을 세우면 $6(x-1)-1$이 된다. 마지막에 1을 빼는 이유는 사람이 앉을 수 있는 자리가 하나 남았다는 의미이다. 이 식을 우변에 세운다. 이를 다시 일차방정식으로 나타내면, $5x+3=6(x-1)-1$ $\therefore x=10$, 의자의 개수는 10개이다. 그리고 사람 수는 우변의 식과 좌변의 식에 $x=10$을 대입하면, 53명이라는 것을 알 수 있다. 이러한 문제는 그림을 그리면서 푸는 것이 효과적이다.

문제 **1** 강당의 긴 의자에 학생들이 앉는데 한 의자에 5명씩 앉으면 20명이 앉지 못한다. 하지만 한 의자에 6명씩 앉으면 이번에는 의자 7개가 비고, 7개의 빈 의자를 제외한 마지막 의자에는 2명이 앉는다. 긴 의자의 개수와 강당에 있는 학생 수를 각각 구하여라.

풀이 긴 의자의 개수를 x로 하고, 먼저 x를 구한 다음 학생 수를 구하는 방법으로 생각한다. 그런 뒤 다음 그림으로 나타내 본다.

한 의자에 5명씩 앉았을 때   한 의자에 6명씩 앉았을 때

의자
$(x-7)$개

의자
x개

의자
x개

의자 7개는
비어 있음

그림에서 한 의자에 5명씩 앉았을 때에는 20명의 학생이 앉지 못한다. 그러므로 식은 $5x+20$으로 세울 수 있다. 이 식을 좌변에 쓴다. 이번에는 6명씩 앉으면 의자 7개는 비게 되고, 7개의 의자를 제외한 $(x-7)$개의 마지막 의자는 2명의 학생이 앉아 있으며 4명의 자리가 비게 된다. 식을 세우면 $6(x-7)-4$이다. 이 식을 우변에 쓴다.

일차방정식을 세우면, $5x+20=6(x-7)-4$이다. $\therefore x=66$

긴 의자의 개수는 66개, 학생 수는 350명이 된다.

답 긴 의자의 개수는 66개, 학생 수는 350명

문제 2 오늘 경식이네 반 학생들은 3D 입체영화관에서 영화를 보기로 했다. 담임 선생님은 영화가 끝난 뒤 학생 수를 파악할 수 있도록 반 전체가 전원 함께 관람할 수 있도록 계획을 세웠다. 그런데 한 의자에 7명씩 앉아서 보면 넉넉하고 여유있게 볼 수 있지만 2명이 앉을 자리가 없게 된다. 그래서 8명씩 앉혔더니 마지막 의자는 1명이 앉게 되고, 잠시 후 일반 관객이 3명 입장하여 앉을 수 있었다. 경식이네 반 학생은 총 몇 명인가?

풀이   의자의 개수를 x개로 한다. 경식이네 반 학생들은 7명씩 앉을 때 2명이 앉지 못하므로 $7x+2$로 식을 세우고, 8명씩 앉으면 마지막 의자에는 1명이 앉으므로 $8(x-1)+1$이 된다. 그림은 다음과 같다.

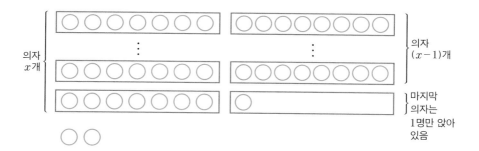

일차방정식을 세우면, $7x+2=8(x-1)+1$ ∴ $x=9$, 따라서 의자의 개수는 9개이다. 그리고 경식이네 반 학생 수는 65명이 된다.

답   의자 9개, 경식이네 반 학생 수 65명

⑤ 연립일차방정식

미지수가 x, y인 연립일차방정식

미지수가 x인 일차방정식이 있고, 미지수가 x, y인 x, y에 관한 일차방정식이 있다. 이 일차방정식은 x, y 두 개의 미지수를 푸는 것이다. 미지수가 x, y로 2개이고, 차수가 모두 1인 방정식을 x, y에 관한 일차방정식이라 한다. x, y에 관한 일차방정식은 아래와 같이 나타낸다.

$$ax + by + c = 0 \ (a, b, c \text{는 상수}, a \neq 0, b \neq 0)$$

미지수 x, y에 대한 일차방정식 $ax + by + c = 0$임을 참이 되게 하는 x, y의 값 또는 그 순서쌍 (x, y)를 이 방정식의 해 또는 근이라 한다. 즉 x, y를 구하는 것이다. 또한, 일차방정식의 해를 구하는 것을 일차방정식을 푼다고 한다. 미지수 x, y에 관한 일차방정식의 해 (x, y)를 좌표평면 위에 나타낸 것을 미지수가 2개인 일차방정식의 그래프라 한다. 일차방정식의 해를 좌표평면 위에 나타내면 x, y가 자연수나 정수일 때 그래프는 점으로 나타나고, 수 전체의 원소일 때 직선으로 나타난다. 일차방정식의 해를 점으로 나타낸 그래프를 그려보자.

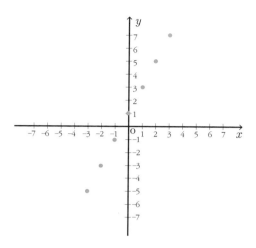

위의 그래프는 $2x - y + 1 = 0$의 해 중에서 좌표평면 위에 7개의 정수 집합을 나타낸 것이다. 7개의 정수가 이 그래프의 해가 되며, $(-3, 5)$, $(-2, -3)$, $(-1, -1)$, $(0, 1)$, $(1, 3)$, $(2, 5)$, $(3, 7)$로 위치를 나타낼 수 있다. 그래프 좌표의 위치를 더 많이 표시한다면 수많은 정수의 집합을 점의 위치로 그릴 수 있다. 해를 나타내는 대응표는 아래와 같이 나타낼 수 있다.

x	$\cdots$	-3	-2	-1	0	1	2	3	$\cdots$
y	$\cdots$	-5	-3	-1	1	3	5	7	$\cdots$

$2x - y + 1 = 0$의 점 집합을 연결하여 그래프로 나타내면 다음과 같다.

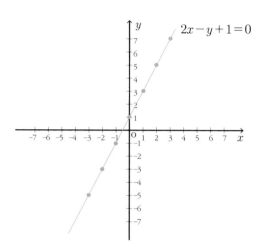

위의 그래프는 실수의 범위 내에서 무한한 원소가 해가 된다. 그리고 그래프를 그릴 때에는 두 개의 점을 잇는 것으로 그래프를 완성할 수 있다.

$ax+by+c=0$과 $a'x+b'y+c'=0$의 그래프가 점$(p,\ q)$에서 만나면, 다음의 그래프처럼 그릴 수 있는데, 점$(p,\ q)$가 두 직선의 교점, 즉 해가 된다.

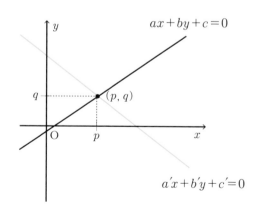

미지수가 2개인 두 일차방정식을 한 쌍으로 묶어 놓은 것을 연립일차방정식 또는 연립방정식이라 한다. 미지수가 두 개이면, 이원^{二元}이라 하며 미지수가 두 개인 연립방정식을 이원연립일차방정식이라 한다. 그러나 이 책에서는 연립일차방정식으로 부르기로 한다.

연립일차방정식의 두 방정식을 동시에 만족시키는 x, y의 값 또는 그 순서쌍 (x, y)를 연립일차방정식의 해 또는 근이라고 한다. 또한 연립일차방정식의 해를 구하는 것을 연립일차방정식을 푼다고 한다. $ax+by+c=0$과 $a'x+b'y+c'=0$의 그래프를 연립일차방정식으로 나타내면, 다음과 같다.

$$\begin{cases} ax+by+c=0 \\ a'x+b'y+c'=0 \end{cases}$$

해를 풀어보면 $x=p$, $y=q$이다.

연립일차방정식의 풀이 방법

연립일차방정식을 푸는 방법에는 가감법, 대입법, 등치법, 치환법이 있다. 그리고 이 네 가지 풀이 방법은 뒤에 소개하는 연립이차방정식에도 쓰인다. 그러므로 잘 기억해야 할 것이다.

• 가감법

연립일차방정식에서 많이 쓰이는 풀이 방법 중 하나이다. 가감법^{加減法}은 연립방정식의 두 방정식에서 좌변은 좌변끼리 우변은 우변끼리 더하거나 빼어서 한 미지수를 소거하여 연립일차방정식을 푸는 방법이다.

연립일차방정식 $\begin{cases} x+y=3 \\ 2x-3y=7 \end{cases}$ 을 가감법으로 풀어보자.

$$\begin{cases} x+y=3 & \cdots① \\ 2x-3y=7 & \cdots② \end{cases}$$ ①의 식×2를 하면

$$\begin{array}{r} 2x+2y=6 \quad \cdots①' \\ -)\ 2x-3y=7 \quad \cdots② \\ \hline 5y=-1 \end{array}$$ ①'의 식－②의 식을 하면,

$$\therefore \ y=-\frac{1}{5}$$

다시 $\begin{cases} x+y=3 & \cdots① \\ 2x-3y=7 & \cdots② \end{cases}$ ①의 식이나 ②의 식에 $y=-\frac{1}{5}$ 을 대입하면, $x=\frac{16}{5}$

$$\therefore \ x=\frac{16}{5}, \ y=-\frac{1}{5}$$

다른 방법으로 가감법을 생각해볼 수도 있다.

$$\begin{cases} x+y=3 & \cdots① \\ 2x-3y=7 & \cdots② \end{cases}$$ ①의 식×3을 하면,

$$\begin{array}{r} 3x+3y=9 \quad \cdots①' \\ +)\ 2x-3y=7 \quad \cdots② \\ \hline 5x \qquad =16 \end{array}$$ ①의 식+②의 식을 하면,

$$\therefore x=\frac{16}{5}$$

다시 $\begin{cases} x+y=3 & \cdots① \\ 2x-3y=7 & \cdots② \end{cases}$ ①의 식이나 ②의 식에 $x=\frac{16}{5}$ 을 대입하면, $y=-\frac{1}{5}$

$$\therefore x=\frac{16}{5},\ y=-\frac{1}{5}$$

・대입법

대입법^{代入法}은 연립일차방정식 중 한 일차방정식을 두 개의 미지수 중 어느 한 미지수부터 푼 후, 그것을 다른 일차방정식에 대입하여 연립일차방정식을 푸는 방법이다.

$$\begin{cases} x+y=7 & \cdots① \\ 2x+3y=8 & \cdots② \end{cases}$$

$$①에서 \ y = -x + 7 \ \cdots ①'$$

①′ 의 식을 ②의 식에
대입하면,

$$2x + 3(-x + 7) = 8$$
$$\therefore \ x = 13, \ y = -6$$

• 등치법

등치법^{等値法}은 두 방정식을 같은 미지수부터 푼 후 대입법과 같은 방법으로 연립일차방정식을 푸는 방법이다. 대입법의 일종이라고 할 수 있다.

$$\begin{cases} A = B \\ A = C \end{cases}$$ 형태의 연립방정식은 $B = C$의 형태로 놓고 푼다.

$$\begin{cases} y = x + 1 \\ y = 3x - 5 \end{cases}$$ 를 풀어보는 문제가 있다면,

$y = x + 1 = 3x - 5$로 놓고, $x + 1 = 3x - 5$를 푼다.
$$\therefore \ x = 3, \ y = 4$$

• 치환법

치환법^{置換法}은 분모에 문자가 있는 경우처럼 식이 복잡할 때, 치환하여 연립일차방정식을 푸는 방법이다. 문자가 직접 계산하기 복잡한 식의 형태를 가질 때 단순한 식으로 바꾸어주면서 푸는 방법이기도 하다.

$$\begin{cases} \dfrac{1}{x+1} + \dfrac{4}{y+2} = 3 \\ \dfrac{24}{x+1} + \dfrac{28}{y+2} = 9 \end{cases}$$ 인 연립일차방정식을 풀기 위해

$\dfrac{1}{x+1}$ 을 X로, $\dfrac{1}{y+2}$ 을 Y로 치환한다.

치환을 하고 다시 식을 정리하면, $\begin{cases} X + 4Y = 3 \\ 24X + 28Y = 9 \end{cases}$ 가 된다.

예제를 하나 들어서 $\begin{cases} \dfrac{1}{x} + \dfrac{2}{y} = 4 \\ \dfrac{3}{x} + \dfrac{1}{y} = -1 \end{cases}$ 을 풀어보자.

여기서 $\dfrac{1}{x}$ 을 X로 하고, $\dfrac{1}{y} = Y$로 하자.
그러면 식은 다음과 같이 치환된다.

$$\begin{cases} X + 2Y = 4 & \cdots ① \\ 3X + Y = -1 & \cdots ② \end{cases}$$

여기서 가감법에 의해

$$\begin{cases} X + 2Y = 4 & \cdots ① \\ 3X + Y = -1 & \cdots ② \end{cases}$$ 를 풀면

$X = -\dfrac{6}{5}, \ Y = \dfrac{13}{5}$
구하고자 하는 $x = -\dfrac{5}{6}, \ y = \dfrac{5}{13}$ 이다.

여기서 관심을 가져야 할 점은 X, Y를 푸는 것이 문제의 목표가 아니라 x, y를 푸는 것이 문제의 목표라는 점이다. 막상 X, Y를 풀고 끝까지 다 풀었다고 생각하는 경우가 많은데 x, y가 나올 때까지 풀어야 한다.

문제 1 $\begin{cases} 2x + 3y = 28 \\ 2x - 26y = 57 \end{cases}$ 을 풀어라.

풀이 가감법에 의하여 ①의 식－②의 식을 하면,

$$2x + 3y = 28 \quad \cdots ①$$
$$-) \ \underline{2x - 26y = 57} \quad \cdots ②$$
$$29y = -29$$

①의 식이나 ②의 식에 $y = -1$을 대입하면 $x = \dfrac{31}{2}$

답 $x = \dfrac{31}{2}, \quad y = -1$

문제 2 $\begin{cases} x : y = 3 : 7 \\ 6x + y = 13 \end{cases}$ 을 풀어라.

풀이 $x : y = 3 : 7$은 비례식의 성질을 이용하여 y로 나타내면,

$y = \dfrac{7}{3} x$로 나타낼 수 있다.

$\begin{cases} y = \dfrac{7}{3} x \quad \cdots ①' \\ 6x + y = 13 \quad \cdots ② \end{cases}$ ①′식의 y를 ②의 식에 대입하면

$$6x + \dfrac{7}{3} x = 13$$

$$\therefore x = \dfrac{39}{25}, \ y = \dfrac{91}{25}$$

답 $x = \dfrac{39}{25}, \quad y = \dfrac{91}{25}$

$$x:y=a:b \text{에서}$$

내항

외항

내항끼리의 곱은 외항끼리의 곱과 같다는 비례식의 성질에 따라,

$$y \times a = x \times b$$

양변을 a로 나누면

$$y = \frac{b}{a}x$$

문제 2에서 $x:y=3:7$ 또한 내항끼리 곱은 외항끼리 곱과 같다고 등식을 만든다.

$$x:y=3:7$$

$$3y=7x$$

양변을 3으로 나누면

$$y = \frac{7}{3}x$$

문제 **3**
$$\begin{cases} \dfrac{7}{x+y} + \dfrac{3}{x-y} = 9 \\ \dfrac{4}{x+y} - \dfrac{2}{x-y} = -2 \end{cases}$$ 을 풀어라.

풀이 치환법에 의하여 $\dfrac{1}{x+y} = X$, $\dfrac{1}{x-y} = Y$로 하자.

$$\begin{cases} \dfrac{7}{x+y} + \dfrac{3}{x-y} = 9 & \cdots \text{①} \\ \dfrac{4}{x+y} - \dfrac{2}{x-y} = -2 & \cdots \text{②} \end{cases} \Rightarrow \begin{cases} 7X + 3Y = 9 & \cdots \text{①}' \\ 4X - 2Y = -2 & \cdots \text{②}' \end{cases}$$

가감법에 의하여 ①′의 식×4−②′의 식×7을 하면,

$$\begin{array}{r} 28X + 12Y = 36 \qquad \cdots \text{①}'' \\ -)\ 28X - 14Y = -14 \qquad \cdots \text{②}'' \\ \hline 26Y = 50 \end{array}$$

$$\therefore Y = \frac{25}{13}$$

①″의 식이나 ②″의 식에 $Y = \dfrac{25}{13}$를 대입하면,

$$X = \frac{6}{13},\ Y = \frac{25}{13}$$

$X = \dfrac{1}{x+y} = \dfrac{6}{13}$, $Y = \dfrac{1}{x-y} = \dfrac{25}{13}$ 이므로,

$$\begin{cases} \dfrac{1}{x+y} = \dfrac{6}{13} & \cdots \text{③} \\ \dfrac{1}{x-y} = \dfrac{25}{13} & \cdots \text{④} \end{cases}$$ 을 풀어야 한다.

역수로 바꾸면

$$\begin{cases} x+y=\dfrac{13}{6} & \cdots ③' \\[2mm] x-y=\dfrac{13}{25} & \cdots ④' \end{cases}$$

③′의 식, ④′의 식을 가감법에 의하여 풀면,

$$x=\frac{403}{300}, \quad y=\frac{247}{300}$$

이 문제에서 유의할 점은 X, Y를 구하는 것이 아니라 x, y

를 구하는 것이다.

답 $x=\dfrac{403}{300}, \quad y=\dfrac{247}{300}$

연립일차방정식에서 계수가 소수나 분수인 경우

연립일차방정식의 문제에서 계수가 소수나 분수일 때는 등식의 성질을 이용하여 양변에 최소공배수를 곱하여 정수로 만들어 풀면 된다.

$$\begin{cases} \dfrac{3}{2}x + \dfrac{1}{4}y = 7 & \cdots ① \\ 0.2x + 0.4y = 8 & \cdots ② \end{cases}$$ 인 연립일차방정식이 주어졌을 때는

①의 식에는 계수의 최소공배수인 4를 양변에 곱하고, ②의 식은 양변에 10을 곱하여 소숫점을 정수로 바꾼 후 연립일차방정식을 푼다.

$$\begin{cases} \dfrac{3}{2}x + \dfrac{1}{4}y = 7 & \cdots ① \\ 0.2x + 0.4y = 8 & \cdots ② \end{cases} \Rightarrow \begin{cases} 6x + y = 28 & \cdots ①' \\ 2x + 4y = 80 & \cdots ②' \end{cases}$$

> 연립일차방정식의 양변에 최소공배수를 곱하여 간단히 한 후 풀어야 한다.

연립일차방정식의 해가 부정일 때

연립일차방정식의 해는 부정일 때와 불능일 때가 있는데, 부정_{不定}이란 그 해를 정할 수 없다는 의미이다. 이때는 해가 무수히 많다라고 더 많이 쓰인다. 둘 다 동의어이므로 이 뜻을 알아두어야 한다. 연립일차방정식의 해가 부정인 예제를 풀어보자.

연립일차방정식 $\begin{cases} 3x+6y=2 \\ 6x+12y=4 \end{cases}$ 를 보면,

$\begin{cases} 3x+6y=2 & \cdots\text{①} \\ 6x+12y=4 & \cdots\text{②} \end{cases}$ 에서 ①의 식을 양변에 2를 곱한 식이 ②의

식이라는 것을 알 수 있다. 연립일차방정식에서 두 개의 식이 같은 식이면 $6x+12y=4$의 경우와 같이 x, y가 정해지지 않아서 부정이 된다. $6x+12y=4$의 그래프를 그려보려면 임의의 두 점 $\left(0, \dfrac{1}{3}\right), \left(-1, \dfrac{5}{6}\right)$을 좌표평면에 표시한 후 이으면 된다.

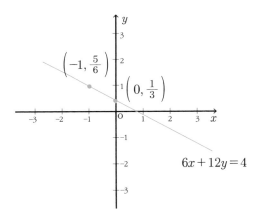

위 그래프처럼 연립일차방정식의 해는 직선 위의 무수한 점이 된다.

연립일차방정식의 해가 불능일 때

연립일차방정식의 해가 불능 不能이라는 의미는 '해가 없다'이다.

$$\begin{cases} 6x + 2y = 7 \\ 12x + 4y = 9 \end{cases}$$ 의 예를 들어보자.

$$\begin{cases} 6x + 2y = 7 & \cdots ① \\ 12x + 4y = 9 & \cdots ② \end{cases}$$ ①의 식×2 − ②의 식을 하면

$$\begin{array}{r} 12x + 4y = 14 \quad \cdots ①' \\ -) \; 12x + 4y = 9 \quad \cdots ② \\ \hline 0 \times x + 0 \times y = 5 \end{array}$$

여기서 $0 \times x + 0 \times y = 5$를 만족시키는 x, y의 해는 없다. 이때 불능이라 하며, 해가 없다로 더 많이 부른다.

문제1 연립일차방정식 $\begin{cases} 2x+ay=-3 \\ 4x+8y=b \end{cases}$ 의 해가 무수히 많을 때, $a+b$의 값을 구하여라.

풀이 $\begin{cases} 2x+ay=-3 \\ 4x+8y=b \end{cases}$ 의 해가 무수히 많으므로,

$\begin{cases} 2x+ay=-3 & \cdots① \\ 4x+8y=b & \cdots② \end{cases}$ ①의 식 $\times 2 -$②의 식을 하면

$$\begin{array}{r} 4x+2ay=-6 \quad\cdots①' \\ -)\ 4x+8y=b \quad\quad\cdots② \\ \hline 0\times x+(2a-8)\,y=-6-b \end{array}$$

①'의 식$-$②의 식을 하면

$\therefore a=4,\ b=-6$

$a+b=-2$

답 -2

문제2 연립일차방정식 $\begin{cases} x+2y=3 \\ 3x+ay=1 \end{cases}$ 의 해가 없을 때, a값을 구하여라.

풀이 $\begin{cases} x + 2y = 3 & \cdots① \\ 3x + ay = 1 & \cdots② \end{cases}$

①의 식×3 − ②의 식을 하면

$$\begin{array}{r} 3x + 6y = 9 \quad \cdots①' \\ -)\ \ 3x + ay = 1 \quad \cdots② \\ \hline 0 \times x + (6-a)\,y = 8 \end{array}$$

①'의 식 − ②의 식을 하면

$$\therefore a = 6$$

답 6

⑥ 연립일차방정식의 활용문제

   연립일차방정식의 활용문제는 일차방정식의 활용문제와 비슷한 방식으로 접근한다. 연립일차방정식의 활용문제가 일차방정식으로 식을 세워서 풀리는 경우도 있다. 문제의 형태가 거의 유사하기 때문이다. 차이점은 연립일차방정식은 x에 관한 식으로 세우고 푸는 반면에 연립일차방정식은 x, y에 관하여 두 개의 식을 세우고 푼다는 것이다.

   연립일차방정식의 활용을 풀어나가는 순서는 다음과 같다.

---

1. 미지수를 세운다.
문제의 뜻을 파악하고 x, y를 결정한다.

⬇

2. 방정식을 세운다.
x, y를 사용해 방정식을 세운다.

⬇

3. 방정식을 푼다.
연립일차방정식을 대입법, 가감법, 등치법, 치환법 중에서 필요한 방법으로 푼다.

⬇

4. 검토한다.
식을 잘 설정했는지 확인한 뒤 x, y를 대입하여 제대로 풀었는지 검토한다.

연립일차방정식에서 중요한 것은 x, y로 이루어진 일차방정식을 두 개의 식으로 반드시 세워야 하는 것이다. 간혹, 일차방정식에 익숙해져서 x만을 이용해서 푸는 것은 옳지 않음을 미리 언급한다.

나이에 관한 연립일차방정식의 활용문제

나이에 관한 문제는 보통 두 사람의 나이 비교를 한 후, 미래나 과거의 나이를 묻는다. 예를 하나 들어보자.

> 현재 아버지와 아들의 나이의 차는 30이다. 지금부터 16년 후에는 아버지의 나이는 아들의 나이의 2배가 된다고 한다. 현재 아버지와 아들의 나이를 각각 구하여라.

일차방정식으로 식을 세우면, 아버지의 나이는 $(x+30)$, 아들의 나이는 x가 된다. 계속해서 좌변에는 아버지의 나이를, 우변에는 아들의 나이를 놓으면 $x+30+16=(x+16)\times 2$ $\therefore x=14$ 이다.

이에 따라 아버지의 나이는 $(x+30)$이므로 44살이고, 아들의 나이는 x이므로 14살이다.

이번에는 연립일차방정식으로 식을 세워서 풀어보자. 이때는 아버지의 나이를 x로, 아들의 나이를 y로 놓을 수 있다. 이렇게

해서 미지수 두 개가 결정되었다. 아버지의 나이와 아들의 나이 차는 30이므로, $x-y=30$이라는 식을 세울 수 있다. 16년 후에 관한 식은 $x+16=(y+16)\times2$로 세우고 연립일차방정식은 다음과 같다.

$$\begin{cases} x-y=30 \\ x+16=(y+16)\times2 \end{cases}$$

$\therefore x=44,\ y=14$

아버지는 44살이고, 아들은 14살이다.

연립일차방정식은 이렇게 $x,\ y$를 미지수로 결정하고 문제를 풀면 된다.

문제 1 어머니와 아들의 나이의 합은 46이고, 차는 32일 때 어머니
와 아들의 나이를 각각 구하여라.

풀이 어머니의 나이를 x로 하고, 아들의 나이를 y로 하자.

$$\begin{cases} x+y=46 \\ x-y=32 \end{cases}$$

$$\therefore x=39,\ y=7$$

답 어머니 39살, 아들 7살

문제 2 현재 A의 나이의 4배에서 B의 나이의 10배를 빼면 6이 되
고, 8년 전에는 A의 나이가 B의 나이의 4배였다. 현재 B의
나이를 구하여라.

풀이 A의 나이를 x로 하고, B의 나이를 y로 하며, 연립일차방정
식은 다음처럼 세울 수 있다.

$$\begin{cases} 4x-10y=6 \\ x-8=(y-8)\times 4 \end{cases}$$

$$\therefore x=44,\ y=17$$

답 17살

거리,속력,시간에 관한 연립일차방정식의 활용문제

거리, 속력, 시간에 관한 문제도 연립일차방정식에서 미지수 x, y를 정하고 문제를 풀어나가야 한다. 특히, 어렵다고 생각하는 문제는 그림을 그려보며 식을 세우는 방법이 쉽고 정확하다. 눈으로만 푸는 것은 활용문제에서 좋지 못한 습관이며, 거리, 속력, 시간에 관한 문제에서는 더욱 그러하다. 때문에 거리＝속력×시간의 공식을 꼭 기억하면서 푸는 연습을 해야 한다. 예제를 풀어보자.

> 청조네 집에서 100km 떨어진 해수욕장까지 자동차로 갔다. 처음에는 60km/h로 국도를 가는 도중에 80km/h로 고속도로를 이용해서 목적지에 도착하는데 1시간 30분이 걸렸다. 국도와 고속도로를 이용한 거리를 각각 구하여라.

이 문제에서 가장 먼저 미지수를 결정할 것이 있다. 국도를 이용한 거리를 $x\text{km}$, 고속도로를 이용한 거리를 $y\text{km}$로 정한다.

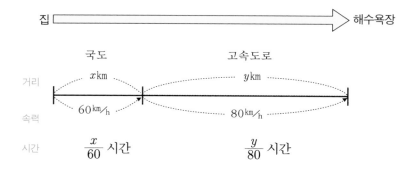

이런 문제는 우선 거리에 관한 식으로 $x+y=100$을 세우고, 두 번째로는 시간에 대한 식으로 $\dfrac{x}{60}+\dfrac{y}{80}=1.5$를 세운다. 그러면 다음과 같은 연립일차방정식이 세워진다.

$$\begin{cases} x+y=100 \\ \dfrac{x}{60}+\dfrac{y}{80}=1.5 \end{cases}$$

$$\therefore x=60,\ y=40$$

청조는 집에서 해수욕장까지 가는데 국도는 60km, 고속도로는 40km를 이용한 것이다.

문제1 성수는 집에서 11km 떨어진 박물관까지 가는데 처음에는 $3^{km}/_h$로 걷다가 도중에 $5^{km}/_h$로 걸어서 3시간이 걸렸다. 이때 성수가 $3^{km}/_h$로 걸은 거리는 몇 km인가?

풀이 성수가 집에서 박물관까지 가는데, $3^{km}/_h$로 걸은 거리를 $x$km, $5^{km}/_h$로 걸은 거리는 $y$km로 할 때, 그림은 다음처럼 나타낼 수 있다.

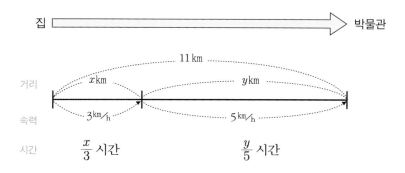

위의 그림을 보고, 거리와 시간에 관한 연립일차방정식을 세우면 된다. 연립일차방정식은 다음과 같다.

$$\begin{cases} x+y=11 \\ \dfrac{x}{3}+\dfrac{y}{5}=3 \end{cases}$$

앞의 식을 풀면 $x=6, y=5$

답　6km

문제2 둘레가 500m인 운동장을 민주와 민영이가 자전거로 같은 지점에서 출발하여 같은 방향으로 돌면 1분 40초, 반대 방향으로 돌면 20초 만에 만나게 된다. 이때, 민주가 민영이보다 더 빠르다고 하자. 민영이의 속력은 몇 m/s 인가?

풀이 민주가 속력이 더 빠르다고 문제에서 주어졌다. 민주의 속력을 $x\,\text{m/s}$, 민영이의 속력을 $y\,\text{m/s}$ 로 하자.

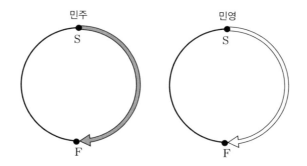

민주는 S에서 한 바퀴를 돌아 S로 돌고 F로 이동했다. 민영이는 S에서 F로 이동했다. 민주는 민영이보다 한 바퀴를 더

돌은 것이다. 거리에 관한 식을 이용하여 민주가 이동한 거리에서 민영이가 이동한 거리를 빼면 한 바퀴인 500m의 차이가 난다. 이것을 식으로 나타내면 $100x - 100y = 500$이다.
다음은 서로 반대 방향으로 움직여서 만나는 경우를 알아보자.

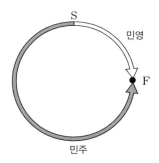

민주는 S에서 F로 반시계 방향으로 움직였고, 민영이는 S에서 F로 시계 방향으로 움직였다. 두 명이 움직인 거리는 500m이고, 20초 만에 만났으므로, 거리를 이용한 식을 세우면 $20x + 20y = 500$이다.

연립일차방정식은 $\begin{cases} 100x - 100y = 500 \\ 20x + 20y = 500 \end{cases}$,

이 식을 풀면 $x = 15$, $y = 10$
민영이의 속력은 $10^{\text{m}}\!/\!\text{s}$이다.

답 $10^{\text{m}}\!/\!\text{s}$

농도에 관한 연립일차방정식의 활용문제

농도에 관한 문제에서 농도, 소금의 양, 소금물의 양을 구하는 공식은 일차방정식이나 연립일차방정식 모두 동일하다. 이런 유형의 문제들은 미지수 x, y를 정하는 것이 다르다는 것 이외에는 커다란 차이가 없지만 농도 문제는 그림을 그려보면 문제 해결이 보다 쉬워진다. 또 방정식에서 거의 빠지지 않은 활용문제 분야이므로 천천히 생각해보는 습관을 가져야 한다. 다음의 예제를 보면서 농도에 관한 연립일차방정식을 풀어보도록 하자.

> 5%의 소금물과 10%의 소금물을 섞어서 7%의 소금물 450g을 만들려고 한다. 이때, 5%의 소금물과 10%의 소금물을 각각 몇 g씩 섞으면 되는가?

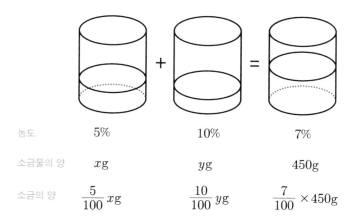

농도	5%	10%	7%
소금물의 양	xg	yg	450g
소금의 양	$\dfrac{5}{100}x$g	$\dfrac{10}{100}y$g	$\dfrac{7}{100} \times 450$g

소금물의 양과 소금의 양을 기준으로 연립일차방정식을 세우면,

$$\begin{cases} x+y=450 \\ \dfrac{5}{100}x+\dfrac{10}{100}y=\dfrac{7}{100}\times450 \end{cases}$$

풀이하면 $x=270$, $y=180$이다. 따라서 5%의 소금물 270g, 10%의 소금물 180g을 섞으면 된다.

답 5%의 소금물 270g, 10%의 소금물 180g

문제1 4%의 식염수와 9%의 식염수를 섞어 6%의 식염수 500g을 만들려고 한다. 이때 필요한 9%의 식염수의 양을 구하여라.

풀이 식염수는 세척할 때 쓰는 용도의 소금물이다. 따라서 소금과 물로 이루어진 액체이다. 4%의 식염수의 양을 xg, 9%의 식염수의 양을 yg으로 할 때, 4%의 식염수와 9%의 식염수를 섞어 6%의 식염수 500g을 만든 그림은 다음과 같다.

농도	4%	9%	6%
식염수의 양	xg	yg	500g
소금의 양	$\dfrac{4}{100}x$g	$\dfrac{9}{100}y$g	$\dfrac{6}{100}\times500$g

식염수의 양에 관하여 연립일차방정식을 세우면 $x+y=500$, 소금의 양에 관하여 식을 세우면 $\dfrac{4}{100}x+\dfrac{9}{100}y=\dfrac{6}{100}\times500$ 이다.

$$\begin{cases} x+y=500 \\ \dfrac{4}{100}\,x+\dfrac{9}{100}\,y=\dfrac{6}{100}\times 500 \end{cases}$$

위의 연립일차방정식을 풀어보면 $x=300$, $y=200$, 따라서 필요한 9%의 식염수의 양은 200g이다.

답 200g

문제2 8%의 오렌지 과즙과 5%의 오렌지 과즙을 섞어서 7%의 오렌지 과즙 600g을 만들려고 한다. 이때, 각각의 오렌지 과즙을 몇 g씩 섞어야 하는가?

풀이 8%의 오렌지 과즙의 양을 xg, 5%의 오렌지 과즙의 양을 yg이라고 할 때, 이 실험을 나타낸 그림은 다음과 같다.

농도	8%	5%	7%
오렌지 과즙의 양	xg	yg	600g
오렌지의 양	$\dfrac{8}{100}\,x$g	$\dfrac{5}{100}\,y$g	$\dfrac{7}{100}\times 600$g

오렌지 과즙의 양과 오렌지의 양에 관한 연립일차방정식을
세우면,

$$\begin{cases} x+y=600 \\ \dfrac{8}{100}x+\dfrac{5}{100}y=\dfrac{7}{100}\times 600 \end{cases}$$

위의 연립일차방정식을 풀이하면, $x=400, y=200$

답   8% 오렌지과즙 400g, 5% 오렌지과즙 200g

일의 능률에 관한 연립일차방정식의 활용문제

일의 능률에 관한 문제에서 전체의 일을 1로 정하는 것은 일차방정식과 마찬가지이다. 이를테면 12일 걸리는 일의 하루에 할 수 있는 일의 양을 $\frac{1}{12}$ 로 나타내는 것 또한 동일하다. 그러면 예제를 풀어보자.

> 윤철이와 연우가 어떤 제품을 만드는데 같이 일을 하면 3일이 걸리고 윤철이가 혼자 2일을 하고 난 후 연우는 나머지 일을 6일이 걸려서 완성하게 된다. 연우가 혼자 일한다면 며칠이 걸리는가?

윤철이가 하루에 할 수 있는 일의 양을 x, 연우가 하루에 할 수 있는 일의 양을 y로 하면, 식은 다음처럼 세울 수 있다.

$$\begin{cases} 3 \times (x+y) = 1 \\ 2x + 6y = 1 \end{cases}$$

위의 연립일차방정식을 풀이하면, $x = \frac{1}{4}$, $y = \frac{1}{12}$ 이다. 연우 혼자서는 12일이 걸려 그 일을 완성할 수 있다.

증가와 감소에 관한 연립일차방정식의 활용문제

증가와 감소에 관한 문제는 x가 $p\%$ 증가한 후 전체의 양 $\left(1 + \frac{p}{100}\right)x$, x가 $p\%$ 감소한 후 전체의 양 $\left(1 - \frac{p}{100}\right)x$의 의미를 기

억하면 된다. 다음 예제를 풀어보자.

어떤 농가가 재배하는 사과는 아오리와 부사이다. 작년에는 아오
리와 부사가 600상자 수확되었고, 올해는 아오리의 수확이 7% 증
가하고, 부사의 수확은 5% 감소되어서 수확량은 전체적으로 1%
감소했다. 수확량은 상자의 단위로 계산되며, 올해 아오리와 부사
의 수확량을 각각 구하여라.

여기서 사과의 종류인 아오리의 수확량을 x상자, 부사의 수확
량을 y상자로 하자. 작년에는 아오리와 부사의 수확량이 600상자
였으므로 $x+y=600$으로 식을 세울 수 있다.

올해의 아오리는 7% 증가하였고, 부사는 5% 감소하였으므로,
아오리의 증가량과 부사의 감소량을 더하면 작년 수확량보다 1%
감소한 식이 만들어진다.

$$\begin{cases} x+y=600 \\ \dfrac{7}{100}x - \dfrac{5}{100}y = -\dfrac{1}{100} \times 600 \end{cases}$$

위의 연립일차방정식을 풀면 $x=200$, $y=400$

올해 아오리의 수확량은 $200 \times \left(1+\dfrac{7}{100}\right) = 214$ 상자이며, 부사
의 수확량은 $400 \times \left(1-\dfrac{5}{100}\right) = 380$ 상자이다.

문제1 S중학교의 작년 학생 수는 960명이었다. 올해 학생 수는 작년보다 남학생 수는 10% 감소하고, 여학생 수는 10% 증가했으나 전체적으로는 4명이 감소했다. 올해 여학생 수를 구하여라.

풀이 S중학교의 작년 남학생 수는 x명, 작년 여학생 수는 y명으로 하자.

$$\begin{cases} x+y=960 \\ -\dfrac{10}{100}x+\dfrac{10}{100}y=-4 \end{cases}$$

위의 연립일차방정식을 풀면, $x=500$, $y=460$

작년 여학생 수는 460명이고, 올해 여학생 수는 $460 \times 1.1 =$ 506명이다.

답 506명

문제2 초록 마을과 파랑 마을에서 작년에 수확한 옥수수의 양은 649톤이었다. 올해는 수확량이 증대되어 초록 마을과 파랑 마을에서 같은 양씩 더 수확하게 되었다. 이는 작년에 비해 초록 마을에서는 7%, 파랑 마을에서는 4%가 더 수확된 것이다. 올해 초록 마을과 파랑 마을에서 더 수확한 옥수수의 양은 얼마인가?

풀이　초록 마을에서 수확한 옥수수의 양을 x톤, 파랑 마을에서 수확한 옥수수의 양을 y톤으로 하자. 그리고 초록 마을과 파랑 마을의 늘어난 옥수수의 수확량은 같기 때문에 식을 $\frac{7}{100}x = \frac{4}{100}y$로 세울 수 있다. 연립일차방정식은 다음과 같다.

$$\begin{cases} x+y=649 \\ \dfrac{7}{100}x = \dfrac{4}{100}y \end{cases}$$

연립일차방정식을 풀면, $x=236$, $y=413$이며, 초록 마을의 늘어난 옥수수의 수확량은 $\frac{7}{100} \times 236 = 16.52$톤이다. 마찬가지로 파랑 마을의 늘어난 옥수수의 생산량은 $\frac{4}{100} \times 413 = 16.52$톤이다.

답　16.52톤

가격에 관한 연립일차방정식의 활용문제

가격에 관한 문제는 일차방정식에서 이용한 정가＝원가＋이익의 공식을 주로 활용한다. 이익금＝원가×이익률의 공식에 관한 문제는 비율 고치는 것에 주의하면서 문제를 해결해야 한다. 그리고 가격에 관한 연립일차방정식은 물건의 개수가 첫 번째 식이고, 가격의 정가 또는 이익률에 관한 식이 두 번째 식인 경우가 많다. 이 점을 기억하면서 식을 세우는 것도 많은 도움이 될 것이다. 다음 예제를 풀어보자.

> 어느 상점에서 원가가 100원인 상품 P와 원가가 200원인 상품 Q를 합하여 400개를 구입해서 P는 25%, Q는 15%의 이익을 남기도록 정가를 정했다. 하나도 남김없이 전부 판매하면 11,000원의 이익이 날 때, 상품 P, Q를 각각 몇 개씩 구입하였는지 구하여라.

이 문제에서 구입한 상품 P의 개수를 x개, 구입한 상품 Q의 개수를 y개로 할 때, $x+y=400$라는 식을 세울 수 있다. 그리고 이익률에 관한 식은 $\frac{25}{100}\times100\times x+\frac{15}{100}\times200\times y=11000$이다.

$$\begin{cases} x+y=400 \\ \dfrac{25}{100}\times100\times x+\dfrac{15}{100}\times200\times y=11000 \end{cases}$$

연립일차방정식을 풀면 $x=200$, $y=200$이며, 상품 P의 개수

200개, 상품 Q의 개수는 200개이다.

수에 관한 연립일차방정식의 활용문제

수에 관한 연립일차방정식의 활용문제는 미지수 x, y의 관계를 먼저 알고, 그 수에 적합한 식을 세워야 한다. 이는 곧 x와 y의 관계에서 2개의 식을 잘 세운 후 검토해야 한다.

예를 들면 두 개의 자연수가 있다. 큰 수와 작은 수의 합은 250이고, 큰 수에서 작은 수를 나누면 몫은 4이다. 큰 수와 작은 수를 구하려면 다음처럼 식을 세울 수 있다.

$$\begin{cases} x+y=250 \\ x \div y=4 \end{cases}$$

여기서 $x \div y=4$에서 양변에 y를 곱해서 $x=4y$를 $x+y=250$에 대입하여 푼다. 위의 연립일차방정식을 풀면 $x=200$, $y=50$이다. 따라서 큰 수와 작은 수는 각각 200과 50이다.

문제1 두 자릿수의 자연수가 있다. 이 자연수는 각 자릿수의 숫자의 합의 6배와 같고, 십의 자릿수와 일의 자릿수를 바꾸면 처음보다 9가 작아진다. 처음 자연수를 구하여라.

풀이 십의 자릿수를 x, 일의 자릿수를 y로 하면, 두 자릿수의 자연수는 $10x+y$로, 십의 자릿수와 일의 자릿수를 바꾼 수를 $10y+x$로 나타낼 수 있다. 연립일차방정식을 세우는 방법은 문제 뜻에 따라 그대로 적용하는 것이다. 이러한 방법으로 '각 자릿수의 합의 6배와 같다'를 나타낸 식은 $10x+y=(x+y)\times 6$이다. 계속해서 '십의 자릿수와 일의 자릿수를 바꾸면 처음 수보다 9가 작아진다'는 것을 식으로 나타내면 $10y+x=10x+y-9$가 된다.

$$\begin{cases} 10x+y=(x+y)\times 6 \\ 10y+x=10x+y-9 \end{cases}$$

위의 연립일차방정식을 풀면, $x=5$, $y=4$ 따라서 십의 자릿수가 5이고 일의 자릿수가 4인 54이다.

답 54

문제 **2** 두 수 A, B가 있다. A의 2푼과 B의 3리의 합은 200이고, A의 2할과 B의 7푼의 차는 50이다. A와 B를 각각 구하여라.

풀이 A의 2푼은 $A \times \dfrac{2}{100} = 0.02A$ 이다.

B의 3리는 $B \times \dfrac{3}{1000} = 0.003B$ 이다.

$$\begin{cases} 0.02A + 0.003B = 200 \\ 0.2A - 0.07B = 50 \end{cases}$$

연립일차방정식을 풀면, A=7075, B=19500

답 A=7075, B=19500

제 2장

이차방정식

미지수의 최고차수가 이차인 방정식

① 이차방정식의 정의와 해

이차방정식의 정의

이차방정식은 등식의 우변에 있는 모든 항을 좌변으로 이항하여 간단히 하였을 때, (x에 관한 이차식)$=0$인 형태로 나타내는 방정식을 말한다.

이차방정식의 일반형은 $ax^2+bx+c=0$이며, $a \neq 0$인 조건에 유의한다. 만약 $a=0$이면 일차방정식이다.

$\left(\dfrac{1}{a}+1 \right)x^2+bx+c=0$인 방정식이 이차방정식이 되기 위한 조건이 무엇이냐고 질문한다면 x^2의 계수인 $\dfrac{1}{a}+1 \neq 0$이면 성립하므로 $a \neq -1$이다. 이차방정식의 가장 높은 차수는 항상 2차이다.

일차방정식의 해 또는 근은 $ax+b=0$(단, $a \neq 0$)의 참이 되게 하는 x값이며, 이차방정식의 해 또는 근은 $ax^2+bx+c=0$(단, $a \neq 0$)을 참이 되게 하는 x값이다. 이차방정식은 해가 없거나 한 개이거나 두 개이다. 이차방정식에서는 해보다는 '근'이라고 더 많이 부른다. 그리고 근을 α, β로 많이 쓰며, α는 알파, β는 베타라고 읽는다. 이차방정식은 실수 체계에서 실근을 가지지만, 허수 체계에서는 허근을 갖는다. 이것은 실수 체계에서 근을 가지지 않을 때 허수 체계에서는 허근을 갖는다는 의미이다.

$x(x+3)=0$인 이차방정식을 보자. 이 이차방정식에서 우변은 0 이므로 좌변이 0이 되기 위해서는 x가 0 또는 -3이면 성립한다. 따라서 $x=0$ 또는 -3은 해 또는 근이 된다.

$x^2=0$은 $x=0$이다. 이 경우에는 근이 1개이다. 여기까지는 실수 인 근을 갖고 이차방정식이 실수 체계이다. 그리고 $x^2=-1$이면, 실수 체계에서는 근이 없다.

그러나 허수 체계에서는 $x=\pm i$로 허근을 갖는다.

② 인수분해

이차방정식의 근을 구하기 위해서 인수분해를 학습하는 것은 중요하다. 이차방정식의 풀이방법에서 인수분해가 차지하는 비중은 크기 때문이다. 그러니 인수분해를 통해서 이차방정식을 가까이 접근하도록 하자.

인수분해란 하나의 다항식을 두 개 이상의 다항식의 곱으로 나타내는 것을 말한다. 두 개 이상의 곱으로 이루어진 다항식을 나열하면 식을 전개한다고 하고, 전개한 식을 다시 두 개 이상의 다항식의 곱으로 나타내면 인수분해가 된다. 전개와 서로 반대가 되는 개념이다.

$$(x+1)(x+3) \xrightarrow{\text{전개}} \xleftarrow{\text{인수분해}} x^2+4x+3$$

인수분해에서 가장 먼저 해야 하는 것은 공통인수를 묶는 것이다. m을 공통인수로 하면 $ma+mb=m(a+b)$이 된다. 이것은 숫자를 넣어 확인할 수 있는데, $m=2$, $a=3$, $b=4$로 할 때 $2\times3+2\times4=2(3+4)=14$이므로 성립이 된다. 이 식은 어떠한 숫자를 대입해 보아도 성립한다. 따라서 $ma+mb=m(a+b)$이다. 물론, $m(a+b)=ma+mb$는 식을 전개한 것이며, 분배법칙이 된다. 그리고 $ma+mb+mc=m(a+b+c)$로 인수분해가 되는 것도 옳다는 것을 알게 될 것이다.

그러면 $(a+b)(c+d)+(a+b)(e+f)$는 어떻게 인수분해가 될까? $(a+b)$를 공통인수로 하면, $(a+b)(c+d+e+f)$로 인수분해

가 된다.

인수분해 중에는 완전제곱식이 있다. $(a+b)^2$을 전개하면 $a^2+2ab+b^2$이다. $a^2+2ab+b^2$는 항이 세 개인 다항식이다. 이 다항식을 인수분해하면 $(a+b)^2$이다. 왜 그렇게 되는지 하나하나 살펴보기로 하자.

$a^2+2ab+b^2$에서,

$$a^2+2ab+b^2$$

a b ab

a ① b

$a^2+2ab+b^2$을 인수분해하는 방법은 이차항 a^2을 $a \times a$로 나누고, 상수항 b^2을 $b \times b$로 나누는 것이다. ①에서 보는 것처럼 $a \times b = ab$가 된다.

$$a^2+2ab+b^2$$

a b ab

a ② b ab

②에서는 $a \times b$는 ab가 된다.

$$a^2+2ab+b^2$$

a b ab

a b $+$ ab

                        $2ab$

$ab+ab=2ab$이며, 일차항의 $2ab$와 같으므로 인수분해가 가능하다.

$$a^2+2ab+b^2$$

a	$+$	b		ab
a	$+$	b	$+$	ab

$$2ab$$

같은 줄의 $a+b$와 $a+b$를 곱하면, $(a+b)^2$이 된다. 따라서 $a^2+2ab+b^2$을 인수분해하면, $(a+b)^2$이 된다.

이번에는 $a^2-2ab+b^2$을 인수분해하여 보자.

$$a^2-2ab+b^2$$

$$a \qquad -b \qquad -ab$$
$$a \quad ① \quad -b$$

a^2을 $a\times a$로 나누고, 상수항 b^2을 $b\times b$로 나눈다. ①에서 보는 것처럼 $a\times(-b)=-ab$이다.

$$a^2-2ab+b^2$$

$$a \qquad -b \qquad -ab$$
$$a \quad ② \quad -b \qquad -ab$$

②에서 보는 것처럼 $a\times(-b)=-ab$이다.

$$a^2-2ab+b^2$$

$$a \qquad b \qquad -ab$$
$$a \qquad b \quad + \quad -ab$$

$$-2ab$$

$(-ab)+(-ab)=-2ab$이고, 일차항도 $-2ab$이므로 인수분해가 가능하다.

$$a^2-2ab+b^2$$

a	$+$	$-b$		$-ab$
a	$+$	$-b$	$+$	$-ab$
				$-2ab$

같은 줄의 $\{a+(-b)\}$와 $\{a+(-b)\}$의 곱은 $(a-b)^2$이므로, $a^2-2ab+b^2=(a-b)^2$이다.

앞서 말한 것을 요약하자면, $a^2+2ab+b^2=(a+b)^2$, $a^2-2ab+b^2=(a-b)^2$이다. 그리고 $a^2-b^2=(a+b)(a-b)$이다. 이것은 꼭 기억하자.

다음은 $x^2+(a+b)x+ab$을 인수분해하는 방법을 과정으로 나타낸 것이다.

$$x^2+(a+b)x+ab$$

x $\longrightarrow$ a ax

x $\underset{①}{\longrightarrow}$ b

처음에는 이차항 x^2을 $x\times x$로 나누고, 상수항 ab를 $a\times b$로 나눈다. 그리고 ①과 같이 곱하여 ax를 만든다.

$$x^2 + (a+b)x + ab$$

x a ax

x ② b bx

②와 같이 x와 b를 곱하여 bx를 만든다.

$$x^2 + (a+b)x + ab$$

x a ax

x b $+$ bx

$ax + bx = (a+b)x$

$ax + bx = (a+b)x$가 되므로, 인수분해가 가능하다. 일차항도 $(a+b)x$이므로, 같은 줄에 있는 $(x+a)$와 $(x+b)$를 곱하면 인수분해가 된 것이다.

$$x^2 + (a+b)x + ab$$

x $+$ a ax

x $+$ b $+$ bx

$ax + bx = (a+b)x$

즉 $x^2 + (a+b)x + ab = (x+a)(x+b)$이다.

숫자로 예를 들어, $x^2 + 5x + 4$를 인수분해해 보자.

가장 먼저 이차항 x^2은 $x \times x$로 나누고 상수항 4는 1×4로 나눈다.

$$x^2+5x+4$$

$$x \qquad 1 \qquad x$$

$$x \quad \text{①} \quad 4$$

①에서 보는 것처럼 $x \times 1 = x$이다.

$$x^2+5x+4$$

$$x \qquad 1 \qquad x$$

$$x \quad \text{②} \quad 4 \qquad 4x$$

②에서 보는 것처럼 $x \times 4 = 4x$이다.

$$x^2+5x+4$$

$$x \qquad 1 \qquad x$$

$$x \qquad 4 \quad + 4x$$

$$5x$$

$x+4x=5x$가 되므로 인수분해가 성립하는 것이다.

$$x^2+5x+4$$

$$\boxed{x \quad + \quad 1} \qquad x$$

$$\boxed{x \quad + \quad 4} \quad + 4x$$

$$5x$$

같은 줄에 있는 $(x+1)$과 $(x+4)$를 곱하면, $x^2+5x+4=$ $(x+1)(x+4)$이다.

이번에는 x^2-5x+4를 인수분해해 보자. x^2+5x+4와 일차항의 계수가 음인 것이 차이점이다. 이런 경우는 상수항 4가 되기 위하여 -1과 -4를 곱하여 4가 되는 것을 생각한다.

$$x^2 - 5x + 4$$

$$\begin{array}{lll} x & -1 & -x \\ x & \text{①} \quad -4 & \end{array}$$

①에서 보는 것처럼 $x \times (-1) = -x$이다.

$$x^2 - 5x + 4$$

$$\begin{array}{lll} x & -1 & -x \\ x & \text{②} \quad -4 & -4x \end{array}$$

②에서 보는 것처럼 $x \times (-4) = -4x$이다.

$$x^2 - 5x + 4$$

$$\begin{array}{lll} x & -1 & -x \\ x & -4 & + \underline{-4x} \\ & & -5x \end{array}$$

$-x + (-4x) = -5x$이고, 일차항이 $-5x$이므로 인수분해가 가능하다.

$$x^2 - 5x + 4$$

$$\begin{array}{lll} \boxed{x \ + \ -1} & -x \\ \boxed{x \ + \ -4} & + \underline{-4x} \\ & -5x \end{array}$$

같은 줄에 있는 $(x-1)$과 $(x-4)$를 곱하면 $x^2-5x+4=(x-1)(x-4)$

이다.

이번에는 $acx^2+(ad+bc)x+bd$를 인수분해해 보자. 이차항 $acx^2=ax \times cx$로 나누고, $bd=b \times d$로 나눈다.

$$acx^2+(ad+bc)x+bd$$

$ax \qquad\qquad b \qquad bcx$

$cx \qquad ① \qquad d$

①에서 보는 것처럼 $cx \times b=bcx$이다.

$$acx^2+(ad+bc)x+bd$$

$ax \qquad\qquad b \qquad bcx$

$cx \qquad ② \qquad d \qquad adx$

②에서 보는 것처럼 $ax \times d=adx$이다.

$$acx^2+(ad+bc)x+bd$$

$ax \qquad\qquad b \qquad bcx$

$cx \qquad\qquad d \quad + \lfloor adx$

$\qquad\qquad\qquad\qquad (ad+bc)x$

$bcx+adx=(ad+bc)x$이므로 일차항 $(ad+bc)x$와 같다.

$$acx^2+(ad+bc)x+bd$$

ax	$+$	b	bcx
cx	$+$	d	$+\lfloor adx$

$\qquad\qquad\qquad\qquad (ad+bc)x$

같은 줄에 있는 $ax+b$와 $cx+d$를 곱한다.

$acx^2+(ad+bc)x+bd$는 $(ax+b)(cx+d)$로 인수분해가 된다.

숫자로 예를 들어, $27x^2+30x+8$을 인수분해해 보자.

$$27x^2+30x+8$$

$$3x \qquad\qquad 2 \qquad 18x$$

$$9x \quad ① \quad 4$$

①에서 보는 것처럼 $9x \times 2 = 18x$이다.

$$27x^2+30x+8$$

$$3x \qquad\qquad 2 \qquad 18x$$

$$9x \quad ② \quad 4 \qquad 12x$$

②에서 보는 것처럼 $3x \times 4 = 12x$이다.

$$27x^2+30x+8$$

$$3x \qquad\qquad 2 \qquad 18x$$

$$9x \qquad\qquad 4 \quad + \;|\,12x$$

$$30x$$

$18x+12x=30x$이며 일차항 $30x$와 같으므로 인수분해가 가능하다.

$$27x^2+30x+8$$

$$\boxed{3x \quad + \quad 2} \qquad 18x$$

$$\boxed{9x \quad + \quad 4} \quad + \;|\,12x$$

$$30x$$

같은 줄의 $3x+2$와 $9x+4$를 곱하면 $(3x+2)(9x+4)$로 인수분해가 된다.

이번에는 $12x^2-2x-4$를 인수분해해 보자. 가장 먼저, 공통인수인 2를 묶어서 $2(6x^2-x-2)$로 나타낸 다음, $6x^2-x-2$를 인수분해한다.

$$6x^2-x-2$$
$$3x \qquad -2 \qquad\quad -4x$$
$$2x \quad ① \quad 1$$

①에서 보는 것처럼 $6x^2-x-2$은 $6x^2$을 $3x \times 2x$로 나누고 -2는 -2×1로 나눈다. $2x \times (-2) = -4x$이다.

$$6x^2-x-2$$
$$3x \qquad -2 \qquad\quad -4x$$
$$2x \quad ② \quad 1 \qquad\quad 3x$$

②에서 보는 것처럼 $3x \times 1 = 3x$이다.

$$6x^2-x-2$$
$$3x \qquad -2 \qquad\quad -4x$$
$$2x \qquad\quad 1 \quad + \underline{\quad 3x}$$
$$-x$$

$-4x+3x=-x$이며 일차항도 $-x$이므로 인수분해가 가능하다.

$$6x^2 - x - 2$$

$$\begin{array}{ccc} 3x & + & -2 \end{array} \qquad -4x$$

$$\begin{array}{ccc} 2x & + & 1 \end{array} \quad + \quad 3x$$

$$-x$$

　같은 줄에 있는 $3x+(-2)$와 $2x+1$을 곱하면, $6x^2-x-2$
$=(3x-2)(2x+1)$로 인수분해가 된다.

　여기서 관심을 가져야 할 것은 $12x^2-2x-4$을 인수분해하는
것이고, 2가 공통인수이므로 그 수를 곱해서 $2(3x-2)(2x+1)$이
인수분해가 끝난 것이 된다.

③ 이차방정식의 풀이

인수분해를 이용한 풀이

　인수분해는 이차방정식에서 근을 구할 때 광범위하게 쓰이는
방법이다. 그러면 인수분해를 이용하여 이차방정식을 어떤 방법
으로 푸는지 알아보자.

⑴ $AB=0$의 성질을 이용한다.

　① $AB=0$이면 $A=0$ 또는 $B=0$이다.

AB는 인수분해가 된 이차식이다.

② $(x-a)(x-b)=0$이면 $x=a$ 또는 b이다.

근을 쓸 때에는 작은 근을 먼저 쓰고 큰 근을 나중에 쓴다.

(2) 인수분해를 이용한 이차방정식의 풀이는 이차방정식을 두 일차식의 곱으로 나타내어 $AB=0$의 성질을 이용하여 푼다.

(3) 인수분해를 이용한 이차방정식의 풀이순서는 다음과 같다.

① $ax^2+bx+c=0$의 형태로 정리하여 좌변을 인수분해한다.

② $(x-a)(x-b)=0$의 형태로 인수분해가 되면 $x=a$ 또는 b, $(ax-b)(cx-d)=0$의 형태로 인수분해되면 해는 $x=\dfrac{b}{a}$ 또는 $\dfrac{d}{c}$

인수분해를 이용한 이차방정식의 풀이방법은 가장 기본적인 것이며, 이차방정식이 인수분해가 될 때만 가능하다. $x^2+x-2=0$을 인수분해해 근을 구하면, $(x+2)(x-1)=0$에서 $x=-2$ 또는 1이 된다. $2x^2-3x+1=0$을 인수분해해 근을 구하면, $(2x-1)(x-1)=0$에서 $x=\dfrac{1}{2}$ 또는 1이 된다.

문제1 $2x^2+3x+1=0$의 근을 인수분해한 후 구하여라.

풀이 $(2x+1)(x+1)=0$으로 인수분해가 되므로 $x=-1$ 또는 $-\dfrac{1}{2}$

답 $x=-1$ 또는 $-\dfrac{1}{2}$

문제2 두 집합 $A=\{x\,|\,x+1=0\}$, $B=\{x\,|\,x+3=0\}$에서 이차방정식 $(x+1)(x+3)=0$의 해를 집합기호로 나타내어라.

풀이 이차방정식 $(x+1)(x+3)=0$의 해는 $x=-3$ 또는 -1이다.
집합 A의 원소는 -1, 집합 B의 원소는 -3이므로 $A\cup B$

답 $A\cup B$

문제3 $a\bigstar b=ab-b$로 약속하자.
$(x+1)\bigstar(x-7)=8$을 만족하는 x를 구하여라.

풀이 $a\bigstar b=ab-b$이므로,
$$(x+1)\bigstar(x-7)=(x+1)(x-7)-(x-7)$$
$$=x^2-6x-7-x+7$$
$$=x^2-7x$$
따라서 $x^2-7x=8$이므로 인수분해 하면, $(x-8)(x+1)=0$
$x=-1$ 또는 8

답 $x=-1$ 또는 8

완전제곱식 형태에서 이차방정식의 중근

이차방정식의 두 근이 중복되어 서로 같을 때, 이 근을 중근이라고 한다. 이차방정식이 중근을 가질 조건은 (완전제곱식)＝0의 형태이어야 한다. 중근^{重根}은 이중근^{二重根}이라고도 한다. 근이 중복되었다는 의미이며, 같은 근이 1개라서 중근이라 부른다.

$(x-2)^2=4$의 이차방정식을 보자. 이 방정식을 정리하면 $x^2-4x=0$이 되고, 인수분해하면 $x(x-4)=0$로 $x=0$ 또는 4이다. 이 방정식은 근이 두 개이므로 중근이 아니다.

$(x-2)^2=0$의 이차식을 보면, $x=2$가 되어 중근이다. 이처럼 (완전제곱식)＝0의 형태가 되어야만 중근을 갖게 된다. 주의할 것은 이차방정식을 완전히 인수분해하고 나서 근을 풀어야 하는 것이다.

문제 **1** $(x+1)^2=0$과 $(x+1)^2=4$는 중근을 갖는지 확인하여라.

풀이 $(x+1)^2=0$은 $x=-1$을 중근으로 갖는다.

그리고 $(x+1)^2=0$은 (완전제곱식)$=0$의 형태이므로 중근

을 갖게 됨을 알 수 있다.

$(x+1)^2=4$는 이항하고 인수분해하여 정리하면, $(x+3)(x-1)$

$=0$이므로 $x=-3$ 또는 1이다. 근이 2개이므로 중근이 아니

다. 그리고 (완전제곱식)$\neq 0$인 형태이므로 중근을 갖지 않

음을 확인할 수 있다.

답 $(x+1)^2=0$은 중근을 가지고, $(x+1)^2=4$은 중근을 갖지 않

는다.

문제 **2** 다음 이차방정식 중에서 중근이 잘못 짝지어진 것을 골라라

(이차방정식 오른쪽에 대괄호 표시 안에 있는 숫자가 중근이다).

① $(2x+1)^2=0 \left[-\dfrac{1}{2}\right]$　　② $x^2+2x+1=0 [2]$

③ $x^2-3x+2=0 [-1]$　　④ $x^2-12x+36=0 [6]$

⑤ $4x^2-4x+1=0 \left[\dfrac{1}{2}\right]$

풀이 ① $(2x+1)^2=0$을 풀면 $x=-\dfrac{1}{2}$이므로 중근이다.

② $x^2+2x+1=0$을 풀면 $x=-1$이다.

③ $x^2-3x+2=0$을 인수분해하면 $(x-2)(x-1)=0$이므로
$x=1$ 또는 2이다.

④ $x^2-12x+36=0$은 $(x-6)^2=0$이므로 $x=6$의 중근을 갖
는다.

⑤ $4x^2-4x+1=0$은 $(2x-1)^2=0$이므로 $x=\dfrac{1}{2}$의 중근을
갖는다.

답 ②, ③

문제 3 $x^2+(p-1)x+q+3=0$이 중근 1을 가질 때, $p+q$를 구하
여라.

풀이 $x^2+(p-1)x+q+3=0$에 $x=1$을 대입하면,

$1^2+(p-1)\times 1+q+3=0$

$p+q=-3$

여기서는 (완전제곱식)$=0$의 형태로 고쳐서 p, q값을 따
로 구한 뒤 $p+q$를 구하는 것이 아니라 중근 1을 대입하여
$p+q$를 구하는 문제임을 알 수 있다. 그래서 완전제곱식으
로 고칠 필요가 없다.

답 -3

제곱근을 이용한 이차방정식의 풀이

제곱근을 이용한 이차방정식의 풀이는 좌변은 완전제곱식이고 우변은 상수일 때 푸는 방법이다. 따라서 이차방정식을 완전제곱식의 형태로 정리하고 나서 제곱근을 씌우면서 문제를 푸는 것이다. 다음 3가지의 제곱근을 이용한 풀이를 보자.

(1) $x^2 = k \, (k \geq 0)$의 해는 $x = \pm\sqrt{k}$

(2) $ax^2 = k \, (a \neq 0, \, ak > 0)$의 해는 $x = \pm\sqrt{\dfrac{k}{a}}$

(3) $(x-a)^2 = k \, (k \geq 0)$의 해는 $x = a \pm\sqrt{k}$

$x^2 = 1$이면 $x = \pm 1$인 것은 쉽게 풀 수 있다. 이것은 $x^2 = k$에서 $k = 1$이기 때문에 성립하는 것이다. 실수 체계는 $k \geq 0$인 조건에 한해서 이차방정식의 풀이를 해결할 수 있다. 허수 체계는 $k < 0$인 경우도 포함하는데, $x^2 = -1$이면 $x = \pm\sqrt{-1} = \pm i$가 된다.

실수 체계와 허수 체계에서 이렇게 차이가 나는 것은 실수 체계는 실수의 범위까지 근을 찾고, 허수 체계는 복소수의 범위까지 근을 찾기 때문이다(실수 체계는 중3 과정, 허수 체계는 고등 수학에 해당된다).

$ax^2 = k$에서 양변을 a로 나눈 후 $x^2 = \dfrac{k}{a}$를 풀면 $x = \pm\sqrt{\dfrac{k}{a}}$이다. 예를 들어 $7x^2 = \dfrac{1}{3}$을 풀어보면 다음과 같다.

$$x^2 = \frac{1}{21}$$

$$x = \pm\sqrt{\frac{1}{21}}$$

$$\therefore x = \pm\frac{\sqrt{21}}{21}$$

$(x-a)^2 = k$의 해는 양변에 제곱근을 씌우면 $x = a \pm \sqrt{k}$가 된다. 여기서 $k \geq 0$인 경우는 실수 체계이고, 허수 체계는 $k < 0$인 경우에도 구한다.

$(x-2)^2 = 4$의 예를 들어보자.

이 이차방정식을 풀이하면 $x = 0$ 또는 4로 근이 실수의 범위 내에 존재한다. 그러나 $(x-2)^2 = -4$의 경우를 보면 $x = 2 \pm 2i$이다. 이것은 k의 값이 음수이기 때문이다. 이때 근은 복소수의 범위에 속한다.

문제1 $4(x-1)^2 = 16$을 풀어보아라.

풀이 $4(x-1)^2 = 16$에서 양변을 4로 나누면,

$(x-1)^2 = 4$

$x - 1 = \pm 2$

$\therefore x = -1$ 또는 3

답 $x = -1$ 또는 3

문제2 $(x-3)^2 = p\,(p \geq 0)$의 두 근의 곱이 6일 때 p의 값을 구하여라.

풀이 $(x-3)^2 = p$

$x - 3 = \pm\sqrt{p}$

$\therefore x = 3 \pm \sqrt{p}$

두 근의 곱은 $(3+\sqrt{p})(3-\sqrt{p}) = 9 - p = 6$이므로 $p = 3$

답 3

문제3 이차방정식 $a(x-p)^2 = q$가 두 개의 근(서로 다른 두 개의 실근) 갖기 위한 조건은 무엇인가?

풀이 이 문제는 두 개의 근을 가질 때를 생각하면 된다.

우선 $a(x-p)^2=q$의 근을 식으로 나타내도록 하자.

$$a(x-p)^2=q$$
$$(x-p)^2=\frac{q}{a}$$
$$x-p=\pm\sqrt{\frac{q}{a}}$$
$$x-p=\pm\frac{\sqrt{aq}}{a}$$
$$\therefore\ x=p\pm\frac{\sqrt{aq}}{a}$$

$x=p\pm\frac{\sqrt{aq}}{a}$에서 제곱근 안의 $aq>0$이면, 실수의 범위 내에서 근이 2개가 존재한다. 만약 $\sqrt{aq}=0$이면 중근이다. 따라서 $aq>0$이면 두 개의 근이 존재한다.

답 $aq>0$이면 서로 다른 두 개의 근을 갖는다.

완전제곱식을 이용한 이차방정식의 풀이

완전제곱식을 이용한 이차방정식의 풀이는 연습이 많이 필요하다. 이차방정식의 풀이에서 좌변이 인수분해가 되지 않을 때 완전제곱식을 이용하여 풀어볼 수 있다. 완전제곱식을 이용한 방법은 다음의 절차를 따른다.

① 이차항의 계수로 양변을 나누어 이차항의 계수를 1로 만든다.
② 상수항을 우변으로 이항한다.
③ 양변에 $\left(\dfrac{\text{일차항의 계수}}{2}\right)^2$ 을 더한다.
④ 좌변을 완전제곱식으로 고친다.
⑤ 제곱근을 이용하여 이차방정식을 푼다.

$2x^2 + 3x - 1 = 0$을 완전제곱식으로 풀어보도록 하자.

$$2x^2 + 3x - 1 = 0$$

양변을 이차항의 계수인 2로 나눈다.

$$x^2 + \frac{3}{2}x - \frac{1}{2} = 0$$

상수항 $\frac{1}{2}$ 을 우변으로 이항한다.

$$x^2 + \frac{3}{2}x = \frac{1}{2}$$

양변에 $\left(\dfrac{\frac{3}{2}}{2}\right)^2 = \left(\dfrac{3}{4}\right)^2$을 더한다.

$$x^2 + \frac{3}{2}x + \left(\frac{3}{4}\right)^2 = \frac{1}{2} + \left(\frac{3}{4}\right)^2$$

좌변을 완전제곱식으로 고친다.

$$\left(x+\frac{3}{4}\right)^2=\frac{17}{16}$$

$$x+\frac{3}{4}=\pm\frac{\sqrt{17}}{4}$$

$$\therefore \ x=\frac{-3\pm\sqrt{17}}{4}$$

문제 1 $x^2+10x+9=0$을 완전제곱식으로 푸는 순서대로 전개하면서 풀어라.

풀이 $x^2+10x+9=0$

$x^2+10x=-9$

$x^2+10x+5^2=-9+5^2$

$(x+5)^2=16$

$x+5=\pm4$ $\quad$ $\therefore x=-9$ 또는 -1

이차항의 계수가 1이므로 양변을 이차항의 계수로 나눌 필요는 없다.

다음 단계인 상수항을 우변으로 이항한다.

양변에 $\left(\dfrac{10}{2}\right)^2=5^2$을 더한다.

좌변을 완전제곱식으로 고친다.

답 $x=-9$ 또는 -1

문제 2 $x^2+6x+4=0$을 $(x-p)^2=k$의 형태로 고칠 때, pk를 구하여라.

풀이 $x^2+6x+4=0$

$x^2+6x=-4$

$x^2+6x+9=-4+9$

$(x+3)^2=5$ $\implies$ $(x-p)^2=k$의 형태에서 $p=-3, k=5$

$\therefore pk=(-3)\times5=-15$

답 -15

근의 공식을 이용한 이차방정식의 풀이

이차방정식을 풀 때 인수분해가 되지 않는 경우에는 근의 공식을 많이 이용한다. 근의 공식은 정확히 암기하고 있어야 이차방정식의 근을 구하는 데에 유용하다. 종종 근의 공식을 유도하는 문제가 서술형으로 나오기도 하므로 평소에 공식을 유도하는 연습을 해야 한다.

근의 공식은 이차방정식 $ax^2 + bx + c = 0$에서 식을 유도한다.

$$ax^2 + bx + c = 0$$

양변을 이차방정식의 이차항 계수인 a로 나누면

$$x^2 + \frac{b}{a}x + \frac{c}{a} = 0$$

상수항을 우변으로 이항하면

$$x^2 + \frac{b}{a}x = -\frac{c}{a}$$

양변에 $\left(\frac{\frac{b}{a}}{2}\right)^2 = \left(\frac{b}{2a}\right)^2$을 더하면

$$x^2 + \frac{b}{a}x + \left(\frac{b}{2a}\right)^2 = -\frac{c}{a} + \left(\frac{b}{2a}\right)^2$$

좌변을 완전제곱식으로 고치면

$$\left(x + \frac{b}{2a}\right)^2 = \frac{b^2 - 4ac}{4a^2}$$

양변에 제곱근을 씌우면

$$x + \frac{b}{2a} = \pm\frac{\sqrt{b^2 - 4ac}}{2a}$$

$$\therefore x = \frac{-b \pm \sqrt{b^2 - 4ac}}{2a}$$

근의 공식은 $x = \dfrac{-b \pm \sqrt{b^2 - 4ac}}{2a}$를 이용하며, 이차방정식의 일차항 계수가 짝수인 경우에도 쓰이는 공식이 있다. 일차항의 계수가 짝수인 경우에 많이 쓰이며, 계수가 클 때와 식의 계산을 쉽게 할 때 많이 쓰인다. 이차방정식에서 일차항의 계수가 짝수인 경우 근의 공식을 유도해보자.

$$ax^2 + 2b'x + c = 0$$

양변을 이차방정식의 이차항 계수인 a로 나누면

$$x^2 + \frac{2b'}{a}x + \frac{c}{a} = 0$$

상수항을 우변으로 이항하면

$$x^2 + \frac{2b'}{a}x = -\frac{c}{a}$$

양변에 $\left(\dfrac{\frac{2b'}{a}}{2}\right)^2 = \left(\dfrac{b'}{a}\right)^2$을 더하면

$$x^2 + \frac{2b'}{a}x + \left(\frac{b'}{a}\right)^2 = -\frac{c}{a} + \left(\frac{b'}{a}\right)^2$$

좌변을 완전제곱식으로 고치면

$$\left(x + \frac{b'}{a}\right)^2 = \frac{b'^2 - ac}{a^2}$$

양변에 제곱근을 씌우면

$$x + \frac{b'}{a} = \pm\sqrt{\frac{b'^2 - ac}{a^2}}$$

$$\therefore x = \frac{-b' \pm \sqrt{b'^2 - ac}}{a}$$

근의 공식에서 일차항의 계수가 짝수인 경우에 공식이 따로 있지만, 보통 근의 공식을 쓰고 약분을 하면 일차항의 계수가 짝수인 경

우의 근의 공식과 결과는 같게 된다. 그렇지만 $x = \dfrac{-b \pm \sqrt{b^2 - 4ac}}{2a}$

는 꼭 기억하길 바란다.

문제 1 $x^2 - 2x - 2 = 0$을 근의 공식을 이용하여 풀어보아라.

풀이 $x^2 - 2x - 2 = 0$은 일차항의 계수가 짝수이므로 $ax^2 + 2b'x$ $+ c = 0$에서 $a = 1$, $b' = -1$, $c = -2$이므로

$$x = \frac{-b' \pm \sqrt{b'^2 - ac}}{a} = \frac{-(-1) \pm \sqrt{(-1)^2 - 1 \times (-2)}}{1}$$
$$= 1 \pm \sqrt{3}$$

답 $x = 1 \pm \sqrt{3}$

문제 2 $3x^2 - 12x + 2 = 0$의 근이 $x = \dfrac{A \pm \sqrt{B}}{3}$일 때, $A + B$를 구하여라.

풀이 $3x^2 - 12x + 2 = 0$은 일차항의 계수가 짝수이므로 $ax^2 +$ $2b'x + c = 0$에서 $a = 3$, $b' = -6$, $c = 2$이므로

$$x = \frac{-b' \pm \sqrt{b'^2 - ac}}{a} = \frac{-(-6) \pm \sqrt{(-6)^2 - 3 \times 2}}{3}$$
$$= \frac{6 \pm \sqrt{30}}{3}$$

$A = 6$, $B = 30$이므로 $A + B = 36$.

답 36

④ 이차방정식의 활용

이차방정식의 활용에서는 근의 판별, 근과 계수의 관계, 근의 부호, 근의 분리, 활용문제를 풀어보도록 하겠다.

이차방정식의 근의 판별은 판별식 D에 관한 것이며, 근과 계수의 관계는 이차방정식의 근의 합과 곱이 계수와 어떤 연관이 있는지 알아보는 것이다. 이차방정식의 근의 부호와 근의 분리는 두 근의 합과 곱의 부호, 대칭축의 위치, 판별식 D의 부호, 주어진 상수의 함숫값을 구해보는 것이다. 일차방정식 및 연립일차방정식과 마찬가지로 이차방정식의 활용문제도 식을 세우는 절차와 이에 따른 문제를 풀어보도록 한다.

이차방정식의 근의 판별

계수가 실수인 이차방정식 $ax^2+bx+c=0$의 판별식 $D=b^2-4ac$로 할 때

1. $D>0$이면 서로 다른 두 근을 갖는다(서로 다른 두 실근을 갖는다).
2. $D=0$이면 중근을 갖는다.
3. $D<0$이면 근이 없다(서로 다른 두 허근을 갖는다).

$D > 0$일 때 이차방정식은 두 개의 근을 갖는다. 고등 수학에서는 서로 다른 두 개의 실근을 갖는다고 한다. 실근은 실수의 범위 내에서 존재하는 근이기 때문에 실근이라고 구체적으로 쓴다. 이차방정식이 근을 가질 조건은 1번과 2번의 조건이 되어야 하므로 $D \geq 0$이다. 3번에서 $D < 0$인 경우는 근이 없다. 고등 수학에서는 서로 다른 두 허근을 갖는다고 하는데, 이것은 실수 체계는 근을 가지지 않지만 허수 체계는 서로 다른 두 개의 허근을 갖는다는 의미이다.

판별식 D를 계산할 때 이차방정식의 일차항 계수가 짝수이면 $\frac{D}{4} = b'^2 - ac$로 판별할 수 있다. 일차항 계수가 짝수인 이차방정식의 일반형은 $ax^2 + 2b'x + c = 0$이다.

판별식 $D = (2b')^2 - 4ac = 4b'^2 - 4ac$이며, 양변을 4로 나누면 $\frac{D}{4} = b'^2 - ac$가 된다. 여기서 $\frac{D}{4}$ 는 근의 공식 $x = \frac{-b' \pm \sqrt{b'^2 - ac}}{a}$ 에서 제곱근 안의 $b'^2 - ac$로써, 판별식이 되는 것이다.

예제로 $x^2 + 7x + 9 = 0$의 근을 판별해보자.

판별식 $D = 7^2 - 4 \times 1 \times 9 = 49 - 36 = 13 > 0$이므로, 서로 다른 두 개의 실근을 가진다. 인수분해가 되지 않으므로 근의 공식을 활용하여 $x = \frac{-7 \pm \sqrt{13}}{2}$ 을 구할 수 있다.

문제 1 $x^2 + bx + 8 = 0$ 이 중근을 가질 때, b의 값을 구하여라.

풀이 $D = b^2 - 4 \times 1 \times 8 = 0$

$b^2 = 32$

$\therefore b = \pm 4\sqrt{2}$

답 $\pm 4\sqrt{2}$

문제 2   이차방정식 $3mx^2 - 4x + 2 = 0$이 근을 가질 때(서로 다른 두 실근을 가지거나 중근일 때), 실수 m의 값의 범위를 구하여라.

풀이   이차방정식 $3mx^2 - 4x + 2 = 0$이 근을 가지면

판별식 $\dfrac{D}{4} = (-2)^2 - 3m \times 2 = 4 - 6m \geq 0$

$6m - 4 \leq 0$

$m \leq \dfrac{2}{3}$ $\cdots$ ①

이차방정식의 조건 중에서 이차항의 계수가 0이 아니어야 하므로 $3m \neq 0$, 따라서 $m \neq 0$ $\cdots$ ②

①과 ②의 조건을 만족하기 위해서는 $m < 0$, $0 < m \leq \dfrac{2}{3}$

답 $m < 0$, $0 < m \leq \dfrac{2}{3}$

문제 3 이차방정식 $x^2 + 7x + 3k - 6 = 0$이 근을 갖지 않을 때(서로 다른 두 허근을 가질 때), 정수 k의 최솟값을 구하여라.

풀이 근이 없을 조건은 $D < 0$이므로,

$$D = 7^2 - 4 \times 1 \times (3k - 6) = 49 - 12k + 24 = 73 - 12k < 0$$

$$12k > 73$$

$\therefore k > \dfrac{73}{12}$, 정수 k의 최솟값은 7이다.

그렇다면 이렇게 생각해볼 수도 있다. $\dfrac{73}{12}$은 대분수로 고치면 $6\dfrac{1}{12}$이므로 6보다 크다. 따라서 k는 7이 정수 중 최솟값이 되는 것이다.

답 7

이차방정식의 근과 계수의 관계

이차방정식의 근과 계수의 관계는 '비에트의 정리'라고도 한다.

이차방정식 $ax^2 + bx + c = 0$의 두 근을 α, β로 하면,

(1) $\alpha + \beta = -\dfrac{b}{a}$ (2) $\alpha\beta = \dfrac{c}{a}$

위의 두 가지 공식을 알고 있어야 이차방정식의 근과 계수의 관계에 대한 다양한 응용문제를 풀 수 있다. 여러분은 근의 공식에 의해서 $ax^2 + bx + c = 0$의 근은 $x = \dfrac{-b + \sqrt{b^2 - 4ac}}{2a}$ 임을 알고 있다.

두 근을 α, β로 하고

$\alpha = \dfrac{-b + \sqrt{b^2 - 4ac}}{2a}$, $\beta = \dfrac{-b - \sqrt{b^2 - 4ac}}{2a}$ 라고 하자.

$\alpha + \beta = \dfrac{-b + \sqrt{b^2 - 4ac}}{2a} + \dfrac{-b - \sqrt{b^2 - 4ac}}{2a} = -\dfrac{2b}{2a} = -\dfrac{b}{a}$

$\alpha\beta = \dfrac{-b + \sqrt{b^2 - 4ac}}{2a} \times \dfrac{-b - \sqrt{b^2 - 4ac}}{2a} = \dfrac{(-b)^2 - (b^2 - 4ac)}{4a^2}$

$= \dfrac{4ac}{4a^2} = \dfrac{c}{a}$

그렇다면 $|\alpha - \beta|$는 어떤 공식이 있을까? $|\alpha - \beta|$는 문제에서 자주 나오는 편이다. 만약 기억이 나지 않는다면 식을 유도해서 공식을 활용하는 것이 중요하다.

$$|\alpha - \beta| = \sqrt{(\alpha - \beta)^2} = \sqrt{(\alpha + \beta)^2 - 4\alpha\beta} = \sqrt{\left(-\frac{b}{a}\right)^2 - 4 \times \frac{c}{a}}$$

$$= \sqrt{\frac{b^2}{a^2} - \frac{4c}{a}} = \sqrt{\frac{b^2 - 4ac}{a^2}} = \frac{\sqrt{b^2 - 4ac}}{\sqrt{a^2}} = \frac{\sqrt{b^2 - 4ac}}{|a|}$$

그리고 이차방정식 $ax^2 + bx + c = 0$일 때 a, b, c가 유리수이면 한 근이 $p + q\sqrt{m}$이면 다른 한 근은 $p - q\sqrt{m}$이다.

예를 들어, 이차방정식 $ax^2 + bx + c = 0$이 $5 + \sqrt{3}$의 한 근을 갖는다면 다른 한 근은 $5 - \sqrt{3}$을 갖는다. 이와 같은 방법으로 고등수학에서는 이차방정식 $ax^2 + bx + c = 0$의 하나의 허근은 $p + qi$일 때, 또 다른 하나의 허근은 $p - qi$이다.

이차방정식에서 두 근 α, β가 주어졌을 때는 $a(x - \alpha)(x - \beta) = 0$으로 놓는다. 인수분해를 했을 때, 두 근이 α, β이어야 이차방정식이 성립하는 것이다. 이차항의 계수는 정해지지 않을 때에는 구해야 한다. 그리고 x^2의 계수가 1이고, 두 근 α, β가 주어졌을 때 이차방정식은 $x^2 - (\alpha + \beta)x + \alpha\beta = 0$이다.

문제 **1** $px^2 + 4x + q = 0$의 한 근이 $\dfrac{1}{2-\sqrt{3}}$ 일 때 p, q의 값을 구하여라(단 p, q는 유리수이다).

풀이 한 근이 $\dfrac{1}{2-\sqrt{3}}$ 으로 주어졌으므로 α로 하면, $\alpha = \dfrac{1}{2-\sqrt{3}}$ $= 2+\sqrt{3}$, 다른 한 근 $\beta = 2-\sqrt{3}$이다.

$\alpha + \beta = -\dfrac{4}{p} = 4$, $p = -1$

$\alpha\beta = \dfrac{q}{p} = 1$, $p = -1$이므로 $q = -1$

답 $p = q = -1$

문제 **2** $x^2 + bx + c = 0$의 한 근이 $2+i$일 때, b, c의 값을 구하여라.

풀이 한 근이 $2+i$이므로 다른 한 근은 $2-i$이다. 두 근의 합은 4, 두 근의 곱은 5이므로 $x^2 - 4x + 5 = 0$에서 $b = -4$, $c = 5$

답 $b = -4$, $c = 5$

문제 2는 고등 수학에서 다루는 부분이며, 한 근이 $2+i$이면 다른 한 근이 $2-i$인 근의 짝을 켤레근이라고 한다. 또 $ax^2+bx+c=0$에서 a, b, c가 유리수인 조건에서 한 근이 $p+q\sqrt{a}$일 때 또 다른 한근 $p-q\sqrt{a}$ 일 때도 켤레근이라고 부른다.

그리고 허수 $i=\sqrt{(-1)}$이며,

$$i=i$$
$$i^2=-1$$
$$i^3=i^2\times i=-1\times i=-i$$
$$i^4=i^2\times i^2=1$$
$$i^5=i^4\times i=1\times i=i$$
$$i^6=i^4\times i^2=1\times i^2=-1$$
$$\vdots$$

이다.

실근의 부호

$ax^2+bx+c=0(a\neq0)$의 두 근을 α, β로 할 때 두 근의 부호에 따라서 조건이 붙게 된다. 두 근이 모두 양수이면(중근도 포함), $\alpha+\beta>0$이고, $\alpha\beta>0$임은 알 수 있다. 그리고 여기서 판별식 $D\geq0$이 조건에 붙게 된다. 아마 여러분은 판별식 D의 조건이 왜 붙는지 궁금할지도 모른다.

만약, $\alpha=1+i$, $\beta=1-i$로 하자. 서로 다른 두 개의 허근을 갖는 이차방정식은 $x^2-2x+2=0$으로 나타낼 수가 있다. 이 이차방정식은 $\alpha+\beta>0$이고, $\alpha\beta>0$인 것이 당연하지만 판별식 $D<0$이며, 실근을 갖지 않는다. 그러므로 $D\geq0$인 조건이 하나 더 붙어야 두 근이 모두 양수(중근인 경우도 포함)가 된다. 따라서 다음처럼 정리할 수 있다.

두 근이 모두 양수이면 $\alpha+\beta>0$, $\alpha\beta>0$, $D\geq0$

이번에는 $ax^2+bx+c=0(a\neq0)$일 때 두 근을 α, β로 하고 두 근이 모두 음수일 때 실근의 부호를 알아보자. 두 근이 모두 음수이면, $\alpha+\beta<0$이고, $\alpha\beta>0$이다. 여기에도 판별식 $D\geq0$의 조건을 붙여야 한다. 만약, 두 개의 근 α, β가 각각 $-2+i$, $-2-i$이면 $\alpha+\beta<0$이고, $\alpha\beta>0$의 조건에 맞지만 두 개의 실근이 아니므로 두 개의 실근이 성립하기 위한 조건인 판별식 $D\geq0$을 꼭 붙여야 함을 주의한다. 이 조건도 다음처럼 정리할 수 있다.

두 근이 모두 음수이면, $\alpha+\beta<0$, $\alpha\beta>0$, $D{\geq}0$

두 근이 서로 다른 부호인 경우를 생각해보면, 두 근이 모두 양수인 경우와 두 근 모두 음수인 경우처럼 차례대로 $\alpha+\beta$를 보자. $\alpha+\beta=-\dfrac{b}{a}$이므로, $\alpha+\beta$가 0보다 큰지, 같은지, 작은지를 알 수가 없다. 이러한 경우는 모든 수가 포함되므로 전체집합으로서 조건에 붙일 필요는 없다. 왜냐하면 따질 수 있는 조건이 아니기 때문이다. 그리고 $\alpha\beta=\dfrac{c}{a}$인데, α와 β가 부호가 다르므로 두 근의 곱은 음수를 갖는다는 것을 알 수 있다. 이 조건은 반드시 필요한 조건이며 $\alpha\beta<0$이다.

마지막으로 판별식 $D=b^2-4ac$를 조건에 포함시켜야 하는지의 여부를 따지기 전에 $\dfrac{c}{a}<0$이므로, 양변에 a^2을 곱하면 $ac<0$이다. 그래서 $D=b^2-4ac>0$이 되므로 서로 다른 두 실근을 가지는 조건이 생기는데 이것은 두 근의 부호가 다르다는 것에서 나온 조건이므로 필요한 조건은 아니다. 판별식 D의 조건은 이미 갖추어진 것이다. 두 근이 서로 다른 부호인 경우에는 다음처럼 정리할 수 있다.

두 근이 서로 다른 부호를 가지면 $\alpha\beta<0$

실근의 분리

이차방정식 $ax^2 + bx + c = 0$을 $f(x)$로 하고, 실근을 분리하여 근과 판별식, x축의 관계를 알아보도록 하자. 여기서 가장 먼저 x축과 근의 관계를 알아보자. 근이 α, β로 두 개이면, x축과 이차방정식의 그래프는 다음과 같다.

근이 두 개이므로 이차방정식의 그래프와 x축과의 만나는 점은 두 개이다. 그리고 중근이면 두 개의 근을 갖지만 근이 중복된 것이므로, 다음처럼 나타낸다.

이때 두 개의 근을 나타내는 α, β는 생략해서 표기하는 것이 대부분이다. 앞으로 α, β가 없더라도 근이 두 개임을 기억하기 바란다.

중근일 때는 위의 그래프처럼 이차방정식의 그래프와 x축의 그래프가 한 점에서 만나는 것을 그릴 수 있다. 근의 기호는 나타낼 필요는 없으며, 만약 (3, 0)의 좌표를 나타낸다면 y좌표는 0이므로 그래프의 아래에 3으로 쓰면 된다. 다음은 판별식 $D=0$일 때의 그래프이다.

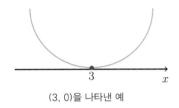

(3, 0)을 나타낸 예

　(3, 0)에서 y좌표의 점은 0이므로, x축 위에 3을 표시하면 된다.

　서로 다른 두 허근이 존재할 때의 그래프는 이차방정식의 그래프와 x축의 그래프가 만나지 않을 때 나타낸다. 이때 판별식 $D < 0$이며 그림은 다음과 같다.

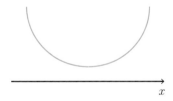

　이차방정식에서 실근의 분리는 3가지 경우만 생각하면 된다. 이를 토대로 문제가 나오면 생각해보는 것이다. 실근의 분리에서 하나 더 알아야 하는 것은 꼭짓점의 x좌표이다.

$ax^2+bx+c=0$을 변형하여 $a\left(x+\dfrac{b}{2a}\right)^2-\dfrac{b^2-4ac}{4a}=0$으로 나타낼 때 $\left(x+\dfrac{b}{2a}\right)^2$을 0으로 만드는 x값은 $-\dfrac{b}{2a}$ 이므로, 꼭짓점의 x좌표는 $-\dfrac{b}{2a}$ 이다. 여기에서 $x=-\dfrac{b}{2a}$ 는 x축을 의미한다. $ax^2+bx+c=0$을 변형하여 $a\left(x+\dfrac{b}{2a}\right)^2-\dfrac{b^2-4ac}{4a}=0$으로 나타내는 것을 꼭 연습하여 문제를 풀 때 적용해야 한다.

본격적으로 실근의 분리에 들어가면, $f(x)=ax^2+bx+c=0$ (단, $a>0$)에서, 두 근이 모두 p보다 클 경우를 생각해보자. 이차방정식의 두 근이 p보다 크므로 다음처럼 그릴 수 있다.

p를 대입한 $f(x)$를 $f(p)$로 하면 $f(p)>0$이다. 그림을 보고, $f(p)>0$인 것을 알았다면 그 다음으로 판별식 $D\geq0$인 것을 알 수 있다. 위의 그래프는 서로 다른 두 개의 실근을 가질 때이고, 중근을 가질 때에도 판별식 $D=0$임을 안다면 이 조건은 당연한 것이다. 여기에서 x축을 알아보자. 그림을 그려보면 다음과 같은데,

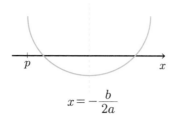

$$x = -\frac{b}{2a}$$

x축인 $-\dfrac{b}{2a}$가 p보다 오른쪽에 위치하므로 $-\dfrac{b}{2a} > p$임을 알 수 있다. 이 조건도 포함되어야 한다. 따라서 이것은 다음처럼 정리할 수 있다.

두 근이 모두 p보다 크다.
$$f(p) > 0,\ D \geq 0,\ -\frac{b}{2a} > p$$

이번에는 두 근이 모두 p보다 작은 경우를 보자. 그래프는 다음처럼 나타낼 수 있다.

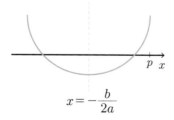

$$x = -\frac{b}{2a}$$

그래프를 보면 $f(p)$가 양수임을 알 수 있으며, $f(p) > 0$이다. 판별식 $D \geq 0$이며, x축은 p보다 왼쪽에 있으므로 $-\dfrac{b}{2a} < p$이다. 그림을 그려보면 실근의 분리에 대해서는 좀 더 빨리 알아낼 수

가 있다. 이것을 정리하면 다음과 같다.

두 근이 모두 p보다 작다.

$f(p)>0,\ D\geq 0,\ -\dfrac{b}{2a}<p$

이번에는 두 근 사이에 p가 있을 때를 생각해보자. 두 근 사이에 p가 있을 때는 다음처럼 그림으로 나타낼 수 있다.

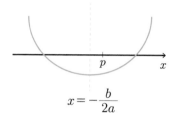

$f(p)<0$이며, $-\dfrac{b}{2a}$는 p보다 클 수도 같을 수도 작을 수도 있으므로 조건이 필요 없다. 그리고 판별식 $D\geq 0$인 조건은 그림에서 이미 나타나 있으므로 조건을 붙일 필요 없다. 따라서 다음처럼 정리가 된다.

두 근 사이에 p가 있으면 $f(p)<0$이다.

이차방정식의 활용문제

1. 문제의 뜻을 명확하게 파악하여, 구하려고 하는 것을 x로 놓는다.

2. x를 사용해 문제의 뜻에 따라 이차방정식을 세운다.

3. 이차방정식의 풀이법 중 간단한 것을 이용하여 해를 구한다.

4. 구한 x의 값 중에 조건에 맞는 것을 선택한다.

5. 구한 해가 문제의 뜻에 맞는지 검토한다.

〈이차방정식의 활용문제 푸는 순서〉

이차방정식의 활용문제 절차는 주어진 미지수 x에 대하여 이차식을 세우고, 그 이차방정식을 이용하여 풀면 된다. 주어진 조건에 만족하는 근을 찾고, 마지막 단계에서 검토를 한다. 특히 식을 완성한 후 이차방정식이 맞는지 확인하는 것은 중요하다.

도형에 관한 이차방정식의 활용문제

도형에 관한 이차방정식의 활용문제는 아래 5가지 공식을 기본으로 알고 있어야 문제를 푸는데 수월할 것이다.

(1) 직사각형의 넓이 = (가로의 길이) × (세로의 길이)

(2) 정사각형의 넓이 = (한 변의 길이)^2

(3) 삼각형의 넓이 = $\frac{1}{2}$ × (밑변의 길이) × (높이)

(4) 반지름의 길이가 r인 원의 넓이 = πr^2

(5) 직사각형의 둘레 = 2 × {(가로의 길이) + (세로의 길이)}

도형의 문제는 사각형의 경우 가로의 길이와 세로의 길이를 늘린 후 넓이의 변화에 관한 식을 세우는 것이 있다. 삼각형의 경우에도 높이에 따라 밑변의 길이 변화도 동시에 고려하면서 넓이가 어떻게 변하는지에 관한 식이 많다.

원의 넓이도 반지름 길이의 변화가 원의 넓이를 늘리는지, 줄이는지를 결정하기 때문에 반지름을 미지수로 정하고 푼다.

문제 1 가로, 세로의 길이의 비가 2 : 1인 직사각형이 있다. 가로의 길이를 6㎝ 늘리고, 세로의 길이를 2㎝ 줄였더니 처음 넓이의 3배보다 40㎠가 줄었다. 처음 직사각형의 가로의 길이와 세로의 길이를 구하여라.

풀이 직사각형의 가로의 길이와 세로의 길이의 비가 2 : 1이므로 $2x : x$로 하면,

$(2x+6)(x-2)=2x \times x \times 3 - 40$

$2x^2 - 4x + 6x - 12 = 6x^2 - 40$

$4x^2 - 2x - 28 = 0$ 　　　양변을 2로 나누면

$2x^2 - x - 14 = 0$ 　　　근의 공식에 의해 x를 구하면

$$x = \frac{-(-1) \pm \sqrt{(-1)^2 - 4 \times 2 \times (-14)}}{2 \times 2} = \frac{1 \pm \sqrt{113}}{4}$$

x는 길이이므로 양수이어야 한다. 따라서 $x = \dfrac{1+\sqrt{113}}{4}$ 이다.

가로의 길이 $2x = 2 \times \dfrac{1+\sqrt{113}}{4} = \dfrac{1+\sqrt{113}}{2}$,

세로의 길이 $x = \dfrac{1+\sqrt{113}}{4}$

답 가로의 길이 $\dfrac{1+\sqrt{113}}{2}$ ㎝, 세로의 길이 $\dfrac{1+\sqrt{113}}{4}$ ㎝

문제2 다음 그림처럼 반지름의 길이가 4cm인 원이 있다. 이 원의
반지름의 길이를 x cm만큼 늘렸더니 처음 원의 2.5배가 될
때 x값을 구하여라.

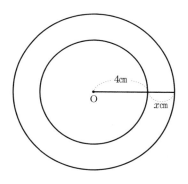

풀이 처음 원의 넓이는 반지름이 4cm이므로 원의 넓이 $\pi r^2 =$
$\pi \times 4^2 = 16\pi$ cm²이고, 처음 원의 반지름의 길이를 x cm 늘
렸으므로 반지름은 $(4+x)$ cm가 된다. 늘어난 원의 넓이는
$\pi (4+x)^2$ cm²이다.

이차방정식을 세우면,

$\pi (4+x)^2 = 16\pi \times 2.5$

양변을 π로 나누면

$(4+x)^2 = 16 \times 2.5$

$x^2 + 8x + 16 = 40$

$x^2 + 8x - 24 = 0$

근의 공식에 의해 x를 구하면

$x = -4 \pm 2\sqrt{10}$

반지름의 길이 $x > 0$이므로 $-4 + 2\sqrt{10}$

알아둘 것은 π는 무리수이지만 식의 양변을 나눌 수 있는 상수이다.

답 $\left(-4 + 2\sqrt{10}\right)$ cm²

문제 3 다음 그림처럼 반지름의 길이
가 4인 사분원 안에 내접하는
원의 반지름 길이를 구하여라.

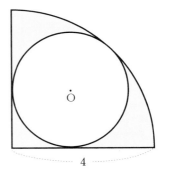

풀이 사분원四分圓은 한 원을 서로
직교하는 두 지름으로 나누
어진 네 부분 중의 하나로,
중심각이 90°인 부채꼴을

말한다. 사분원의 원의 중심과 작은 원의 중심에 선분을 긋
고, 작은 원의 중심에서 수선의 발을 내리면 직각삼각형이
그려지는 데 이때 피타고라스의 정리를 이용해 이차방정식
을 세운다.

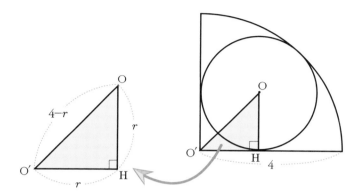

직각이등변삼각형 $OO'H$에서 빗변의 길이가 $4-r$이고

$\overline{O'H} = \overline{OH} = r$이기 때문에 피타고라스의 정리를 이용해 이

차방정식을 세우면,

$r^2 + r^2 = (4-r)^2$
이차방정식을 정리하면

$r^2 + 8r - 16 = 0$
근의 공식을 이용하여 r을 구하면

$r = -4 \pm 4\sqrt{2}$

$r > 0$이므로 $r = -4 + 4\sqrt{2}$

답 $-4 + 4\sqrt{2}$

포물선 운동에 관한 이차방정식의 활용문제

포물선 운동에 관한 문제는 쏘아올린 물체의 높이나 시간을 구하는 문제이다.

높이＝(시간에 대한 이차식)일 때

(1) 높이 hm에 도달하는 시간 $t \implies$ (t에 대한 이차식)＝h를 푼다.

쏘아 올린 물체

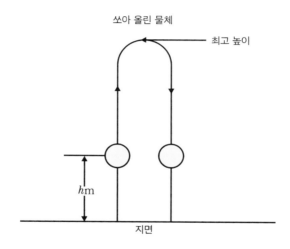

⇒ 올라갈 때, 내려올 때의 두 번이다.

(단, hm가 최고높이일 때는 한 번)

(2) 물체가 지면에 떨어졌을 때의 높이는 0이다.

지면에서 $40^m/_s$로 똑바로 쏘아올린 로켓의 x초 후의 높이가 $(40x-5x^2)$m로 할 때, 발사한 지 몇 초 후에 로켓의 높이가 80m인지를 구하는 문제가 있다면, 높이에 관한 이차방정식이

$(40x-5x^2)$이므로 $40x-5x^2=80$으로 식을 세우면 된다.

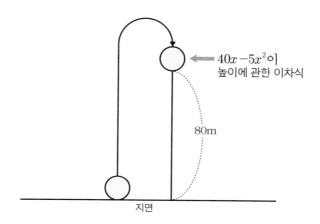

이차방정식을 정리하면, $5(x-4)^2=0$

$$\therefore \ x=4$$

로켓의 높이가 80m일 때 시간은 4초 후가 된다.

문제1 높이가 100m인 건물의 옥상에서 40ᵐ/ₛ로 쏘아 올린 물체의 t초 후 높이는 $(-5t^2+40t+100)$m이다. 이 물체가 지면에 떨어질 때까지 걸리는 시간은?

풀이 쏘아 올린 물체가 지면에 떨어질 때 물체의 높이는 0이므로 이차방정식은 다음처럼 세운다.

$-5t^2+40t+100=0$

인수분해하면

$-5(t-10)(t+2)$

$t=-2$ 또는 10

$t>0$이므로 10초 후

답 10초 후

문제2 보선이가 불꽃놀이를 하고 있다. 불꽃을 위로 쏘아 올렸을 때, t초 후의 높이가 hm이면 $h=-5t^2+74t$의 관계가 성립한다. 이 불꽃을 쏘아 올린 지 2초 후와 3초 후 높이 차는?

풀이 2초 후 높이 $h=-5t^2+74t$에 t의 값 2를 대입하면,

$h=-5\times(2)^2+74\times2=128$ ⋯①

3초 후 높이 $h=-5t^2+74t$에 t의 값 3을 대입하면,

$h = -5 \times (3)^2 + 74 \times 3 = 177 \cdots ②$

3초 후의 높이 $-$ 2초 후의 높이 $=$ ②의 식 $-$ ①의 식 $= 177 - 128 = 49$

답   49m

수에 관한 이차방정식의 활용문제

수에 관한 이차방정식의 활용문제는 수에 대하여 성질을 기억하고 세우는 것이 식을 접근하는 데 도움이 될 것이다.

⑴ 연속하는 두 자연수 ⇒ x, $x+1$로 놓는다.

⑵ 연속하는 두 짝수 ⇒ x, $x+2$로 놓는다.

⑶ 연속하는 두 홀수 ⇒ $2x-1$, $2x+1$로 놓는다(단 $x \geq 1$).

⑷ 연속하는 세 자연수 ⇒ $x-1$, x, $x+1$로 놓는다(단 $x \geq 2$).

⑸ 연속하는 세 짝수나 홀수

$$\Rightarrow x-2, \ x, \ x+2$$로 놓는다(단 $x \geq 3$).

⑹ 연속하는 두 정수 ⇒ x, $x+1$ 또는 $x-1$, x

⑺ 연속하는 세 정수 ⇒ $x-1$, x, $x+1$ 또는 x, $x+1$, $x+2$

⑻ 십의 자릿수 x, 일의 자릿수 y ⇒ $10x+y$

⑼ 1에서 n까지의 자연수의 합$= \dfrac{n(n+1)}{2}$

⑽ n각형의 대각선 개수$= \dfrac{n(n-3)}{2}$개

수에 관한 이차방정식의 활용문제를 풀어보자.

연속하는 세 자연수가 있다. 가장 큰 수의 제곱은 나머지 두 수의 제곱의 합보다 21이 작다고 할 때, 세 자연수의 합을 구하여라.

이 문제에서 연속하는 세 자연수를 $x-1, x, x+1$로 하면, 이차방정식은 다음처럼 세울 수 있다.

$(x+1)^2 = (x-1)^2 + x^2 - 21$

이차방정식을 정리하면

$x^2 - 4x - 21 = 0$

인수분해를 하면

$(x-7)(x+3) = 0$

$\therefore x = -3$ 또는 7

x는 양수이므로 7이고, 연속하는 세 자연수의 합은 $(x-1) + x + (x+1) = 6 + 7 + 8 = 21$이다.

만약 $x+1, x+2, x+3$으로 연속하는 자연수를 미지수로 정하면 결과가 같을까?

이차방정식을 세우면,

$(x+3)^2 = (x+1)^2 + (x+2)^2 - 21$

이차방정식을 정리하면

$x^2 = 25$

$\therefore x = \pm 5$

x는 양수이므로 5가 만족하며, $x+1, x+2, x+3$이 연속하는 세 자연수이므로 $x=5$를 대입하면 6, 7, 8이다. 따라서 연속하는 세 자연수의 합은 21이다.

세 자연수를 $x-1, x, x+1$으로 정하거나 $x+1, x+2, x+3$으로 정하여도 계산 결과는 같다.

문제1 연속하는 두 홀수의 곱이 143일 때, 두 홀수를 구하여라.

풀이 연속하는 두 홀수를 $2x-1$, $2x+1$로 할때 이차방정식을 세우면,

$$(2x-1)(2x+1)=143$$

식을 정리하면

$$4x^2-144=0$$

$$x^2=36$$

$$\therefore x=\pm 6$$

$x \geq 1$이므로 $x=6$, 연속하는 두 홀수는 11, 13이다.

답 11, 13

문제2 자연수 1부터 n까지의 합은 $\dfrac{n(n+1)}{2}$이다. 합이 153까지 되려면 얼마까지 더해야 하는가?

풀이 이차방정식의 좌변은 자연수 1부터 n까지의 합을 이차식으로 놓고, 우변은 합이 153인 상수로 놓고 식을 세운다.

$$\dfrac{n(n+1)}{2}=153$$

이차방정식을 정리하면

$$n^2+n-306=0$$

인수분해하면

$$(n+18)(n-17)=0$$

$n = -18$ 또는 17

$n \geq 1$이므로 $n = 17$

답 17

증가, 감소에 관한 이차방정식의 활용문제

이차방정식의 증가, 감소에 관한 활용문제는 제품 가격과 판매량 변화에 대한 문제나 인구수 변화에 대한 문제가 있다. 가격을 할인하면 판매량에 이차방정식을 세울 때 (일차식)×(일차식)=(이차식)의 형태이며, (가격의 증가 또는 감소에 관한 일차식)×(판매량의 증가 또는 감소에 관한 일차식)=(판매액의 증가 또는 감소)의 식으로 세울 수 있다. 인구수의 이차방정식 활용문제의 형태도 (일차식)×(일차식)=(이차식)의 형태라면, (남자 인구의 증가 또는 감소)(여자 인구수의 증가 또는 감소)=(인구수의 증가 또는 감소)의 형태로 이차방정식을 만들 수 있다.

예를 들어 어떤 페인트 가게에 가격이 $1L$에 a원 하는 페인트가 있다고 하자. 하루에 팔리는 페인트의 양은 bL라 한다면, 하루에 팔리는 페인트의 판매액은 얼마일까? 비례식으로 $1:a=b:x$로 놓고, x를 푸는 것과 같으므로 ab원이 될 것이다. 그러나 페인트 가격을 더 낮추어 할인하여 판매하려고 한다면, 가격을 할인한 일차식을 먼저 세우면 된다.

페인트의 하루 판매액을 $x\%$ 할인하여, $4x\%$ 판매량이 늘었다고 하자. 그리고 하루 판매액이 50% 증가했다고 한다면, 가장 먼저 세워야 하는 식은 $ab \times \left(1-\dfrac{x}{100}\right)\left(1+\dfrac{4x}{100}\right)$이다. 이 식은 하루 판매되는 페인트의 양인 ab에 $x\%$의 페인트 가격을 할인하여 $4x\%$의 판매량을 늘린 식이 된다. 이차식이 완성된 것이다.

결과적으로 하루 판매액인 ab에 50%의 판매액 증가를 나타내는 식은 $ab \times (1+0.5) = 1.5ab$가 된다. 이 식을 세우면 $ab \times \left(1 - \frac{x}{100}\right)\left(1 + \frac{4x}{100}\right) = 1.5ab$이다. 양변에 ab로 나누고, 이차방정식을 풀면 $x=25$ 또는 50이 된다. 즉 25% 또는 50%를 할인하여 판매액이 100% 또는 200% 증가한 것이다.

증가, 감소에 관한 이차방정식의 활용문제는 사람의 수에도 적용할 수 있다. 물론, 인구수 또는 학생 수로서 많이 쓰인다.

어떤 학교의 전체 학생 수에서 작년에 비해 올해는 남학생은 x% 증가하고, 여학생은 $2x$% 감소했다고 하자. 전체 학생 수는 12% 감소했다면 남학생은 몇 % 증가했고, 여학생은 몇 % 감소했는지 구하는 문제를 풀어보자.

우선 남학생 수는 a명, 여학생 수는 b명이라고 하자. 남학생은 x%가 증가했으므로 $a \times \left(1 + \frac{x}{100}\right)$로 일차식을 세울 수 있다. 그리고 여학생 수는 $2x$% 감소했으므로 $b \times \left(1 - \frac{2x}{100}\right)$로 일차식을 세울 수 있다. 남학생 수와 여학생 수가 동시에 증가와 감소가 이루어졌으므로 $a\left(1 + \frac{x}{100}\right) \times b\left(1 - \frac{2x}{100}\right)$로 이차식을 세울 수 있다. 이 식을 좌변에 놓는다. 그리고 결과적으로 12%가 감소했으므로, $ab(1-0.12) = 0.88ab$가 된다. 이 식을 우변에 놓는다. 이에 따라 이차방정식은 다음처럼 세워진다.

$$a\left(1 + \frac{x}{100}\right) \times b\left(1 - \frac{2x}{100}\right) = 0.88ab$$

여기서 $x=10$이며, 올해 남학생은 10% 증가했고, 여학생은 20% 감소했다.

거리, 속력, 시간에 관한 이차방정식의 활용문제

차수가 일차인 일차방정식부터 고차방정식에 이르러 여러 활용 문제가 있어도 거리, 속력, 시간에 관한 공식은 변하지 않는다. 다만 식을 세우면, 이차방정식으로 식을 세운다는 것이 다를 뿐이다.

다음 활용문제를 풀어보자.

영대와 영주가 다음 그림처럼 트랙의 P지점에서 서로 반대 방향으로 동시에 출발했다.

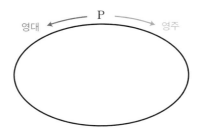

출발을 동시에 한 후 영대가 100m를 달린 지점에서 처음으로 영주와 서로 만나게 되었다. 영주는 P지점까지 10m 남겨 놓은 지점에서 두 번째로 만났다. 두 사람의 속력은 각각 일정하며, 이 트랙의 길이는 bm이다. 이때 b의 값을 구하라는 문제가 있다고 하자.

가장 먼저 영대가 영주보다 속력이 빠르다고 가정하고, 영대의 속력을 $x^m/_m$ 또는 $x^m/_h$라고 하면, 영주의 속력은 $y^m/_m$ 또는 $y^m/_h$라고 할 수 있다. 시간에 관한 단위가 나오지 않았으므로 $x^m/_s$, $y^m/_s$로 해도 무관하다. 그리고 다음 그림처럼 영대와 영주가 만난 지점을 임의로 지정하여 생각해본다.

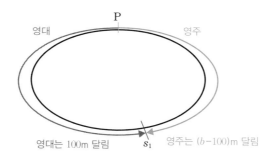

s_1인 지점에서 영대가 100m를 달리고, 영주가 $(b-100)$m 달리다가 서로 만났다. 여기서 동시에 만났으므로 시간을 기준으로 식을 세우면, 영대가 s_1까지 움직인 시간＝영주가 s_1까지 움직인 시간으로 식을 세운다. 즉 $\dfrac{100}{x} = \dfrac{b-100}{y}$ 이 된다. 이 식을 양변에 y를 곱하고 100으로 양변을 나누면, $\dfrac{y}{x} = \dfrac{b-100}{100}$ 인 식이 된다. 그리고 두 번째 만나는 지점을 s_2로 하고, 그림으로 나타내면 다음과 같다.

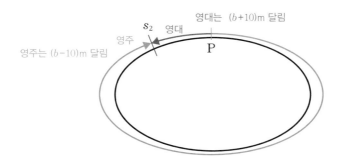

영대와 영주가 움직인 시간은 같으므로 식을 세우면, $\dfrac{b+10}{x}$ $=\dfrac{b-10}{y}$ 이다. 이 식도 양변에 y를 곱하고, $(b+10)$을 양변에 나누면, $\dfrac{y}{x}=\dfrac{b-10}{b+10}$ 이 된다.

$\dfrac{y}{x}$ 의 두 개의 동치식이 나오므로 $\dfrac{y}{x}=\dfrac{b-100}{100}=\dfrac{b-10}{b+10}$ 을 정리하면, $b^2-190b=0$이므로 $b=0$ 또는 190이 된다. 그리고 여기서 $b>100$이므로 트랙의 길이는 190m이다.

제 **3**장

고차방정식

삼차 이상의 방정식

고차방정식은 차수가 3차 이상인 방정식을 말한다. 일차방정식은 가장 높은 차수가 일차이고, $ax+b=0$이 일반적인 식이며 이차방정식은 $ax^2+bx+c=0$, 삼차방정식은 $ax^3+bx^2+cx+d=0$, 사차방정식은 $ax^4+bx^3+cx^2+dx+e=0$이 일반적인 식이다. 고차방정식 하면, 주로 삼·사차방정식을 말한다.

삼차방정식은 1541년에 이탈리아의 수학자 카르타노의 《위대한 술법》이라는 저서에 그 해법이 소개되어 있다. 사차방정식의 해법도 소개되어 있지만, 근의 공식이 너무 복잡하고 어렵다(오차방정식은 약 300년 후에 수학자 아벨에 의해서 푸는 것이 불가능함이 증명되었다).

이 단원에서는 삼·사차 방정식을 근의 공식으로 풀지 않고 인수정리, 조립제법, 인수분해, 치환, 완전제곱식 등으로 푸는 방법을 소개한다. 하나하나씩 풀어보면서 어렵게 느껴지는 고차방정식에 조금씩 자신감을 가져보자.

① 삼·사차 방정식의 풀이

인수정리로 푸는 방법

인수정리로 푸는 방법은 방정식의 틀을 하나로 크게 보고, 방정식의 하나의 근을 α로 할 때 $f(\alpha)=0$을 만족시키는 것을 시작으로 인수정리를 하면서 문제를 푸는 것이다.

$f(x)=(x-\alpha)Q(x)$로 한다면, 이 식을 만족하는 근이 α이면, $f(\alpha)=0$이 된다.

그렇다면 $f(x)=(x-\alpha)(x-\beta)Q'(x)$가 0을 만족하는 x는 무엇일까? $x=\alpha$ 또는 β가 된다. α 또는 β를 대입하면 이 식은 0을 만족시키는 것이다.

예를 들어서 삼차방정식을 인수분해하였더니, $2(x-2)(x-3)(x+10)=0$이 되었다면, $x=2$ 또는 3 또는 -10이 된다.

$2(x-2)(x-3)(x+10)=0$의 삼차방정식은 $x=2$ 또는 3 또는 -10의 근을 갖는다 하며, $(x-2)(x-3)(x+10)$을 인수로 갖는

다. 물론 인수는 1, $(x-2)$, $(x-3)$, $(x+10)$, …등의 여러 개를 갖는다.

삼차방정식에서 인수 한 개를 알면 그 인수로 인수분해가 될 것을 짐작할 수 있다. 하나의 인수로 인수분해가 되면, 그 다음 이차식은 직접 인수분해를 할 수 있거나 근의 공식을 통하여도 인수분해를 할 수 있다.

$x^3-6x^2+11x-6=0$의 삼차방정식을 보도록 하자. 이 삼차방정식에서 좌변을 0으로 만들 수 있는 x를 생각해보자. 여기에서 상수항은 -6으로, 상수항 -6의 약수를 나열해 보면, ±1, ±2, ±3, ±6이 있다.

$x=1$을 대입하면 삼차방정식 $x^3-6x^2+11x-6=0$이 $(1)^3-6\times(1)^2+11\times1-6=0$으로 만족하게 되어서 $(x-1)$을 인수로 갖는다. 이에 따라 $(x-1)Q(x)$의 형태가 된다. 그러면 이 삼차방정식의 근을 구하기 위해서는 $(x-1)(x-\alpha)(x-\beta)=0$이 되어야 하는데, 이것을 푸는 순서는

$$(x-1)(\ \square\ +\ \square\ +\ \square\ )=0$$

2차항 1차항 상수항

$$(x-1)(\ x^2\ +\ \square\ +\ \square\ )=0$$

맨 처음 x와 x^2이 곱해져서
x^3이 되게 한다.

$$(x-1)(\ x^2-5x\ +\ \square\ )=0$$

㉠과 ㉡의 합이 $-6x^2$이 되게끔
만든다. 여기서 ㉠은 $-1 \times x^2$이고,
㉡은 $x \times (-5x)$이다.

$$(x-1)(\ x^2-5x\ +\ 6\ )=0$$

마지막으로 -1과 곱해서
-6이 나오려면 6을 곱해야 한다.

조립제법으로 푸는 방법

삼차방정식은 조립제법으로 해를 구하기도 한다. 이제 조립제
법에 대해 알아보자.

가장 먼저, $x^3-6x^2+11x-6=0$의 계수를 쓴다.

$$\begin{array}{c|cccc} & 1 & -6 & 11 & -6 \\ \hline & & & & \end{array}$$

그리고 $x=1$일 때, $x^3-6x^2+11x-6=0$의 값을 만족하므로, 계
수를 나열한 왼편에 1을 놓는다.

$$\begin{array}{c|cccc} 1 & 1 & -6 & 11 & -6 \\ \hline & & & & \end{array}$$

x^3의 계수인 1을 그냥 맨 밑으로 놓고 맨 왼쪽에 있는 1과 곱하여 x^2의 계수 밑에 놓는다.

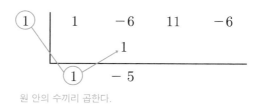

원 안의 수끼리 곱한다.

그리고 -6과 1을 더해서 -5를 아래에 써 넣는다. 다음 단계에서는 1과 -5를 곱하여 x의 계수 아래에 수를 써넣고 위의 수와 더한다.

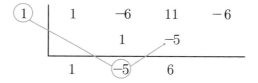

마지막으로 1과 6을 곱하여 6이 되면, 상수항과 6의 합이 0이되므로 조립제법이 끝난 것이다.

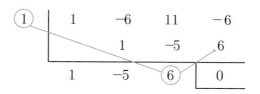

이 조립제법이 끝나면 $(x-1)(x^2-5x+6)=0$이 된다. 그러나 이 차식 x^2-5x+6이 인수분해가 되지 않았으므로 완전히 끝난 것은 아니다. $x^2-5x+6=(x-2)(x-3)$이므로, $(x-1)(x-2)(x-3)$ $=0$이 조립제법과 인수분해가 끝난 것이며, 근은 $x=1$ 또는 2 또는 3이 된다.

조립제법으로 한 문제 더 풀어보고 인수분해를 하도록 하자. 인수분해는 꼭 정수의 범위 내에서 되는 것은 아니다. 그리고 인수분해를 하기 어려울 때는 근의 공식을 이용하여 실근이나 허근을 구할 수 있다. 삼차방정식은 근의 공식이 복잡하므로 보통 처음에 x값에 정수를 대입하였을 때 식 전체가 0이 성립하는 것을 찾아서 이차방정식과 일차식과의 곱으로 만든 후 근을 찾는다.

$x^3-x^2+x-6=0$을 조립제법으로 일차적으로 해결하도록 하자.
상수항 -6의 약수를 생각해보면, ±1, ±2, ±3, ±6 있다. 좀 절차가 복잡하고 까다롭다고 생각되는 이유는 여기 8개의 정수를 대입해서 일일이 0이 나오는지 확인해야 하기 때문이다.
가장 먼저, $x=1$을 대입하였더니 $x^3-x^2+x-6=0$을 $f(x)$로 했을 때 $f(1)=1^3-1^2+1-6=-5$이므로 0이 아니다. 때문에 $(x-1)$을 인수로 갖지 않으므로 조립제법에 쓸 수 없다.
$x=-1$을 대입하여도 $f(-1)=-9$이므로 $(x+1)$을 인수로 갖

지 않는다.

$x=2$를 대입하였더니 $f(2)=0$이 되어서, $(x-2)$를 인수로 갖는다. 조립제법을 사용하면,

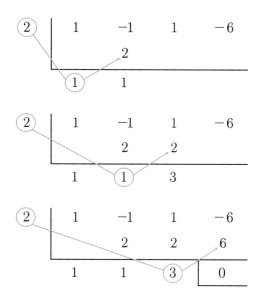

조립제법을 한 후 $(x-2)(x^2+x+3)=0$으로 이차방정식이 완성되었지만 x^2+x+3은 인수분해가 되지 않는다. 그러므로 $x^2+x+3=0$은 근의 공식에 의해 근을 찾는다. 이차방정식에서 근의 공식은 $x=\dfrac{-b\pm\sqrt{b^2-4ac}}{2a}$ 이므로, $a=1$, $b=1$, $c=3$을 통해 $x=\dfrac{-1\pm\sqrt{1^2-4\times1\times3}}{2\times1}=\dfrac{-1\pm\sqrt{11}i}{2}$ 가 된다.

따라서 $x=2$ 또는 $\dfrac{-1\pm\sqrt{11}\,i}{2}$ 가 된다. 하나의 실근과 두 개의 허근을 가지므로 이러한 삼차방정식은 조립제법을 하고 나서 근의 공식을 이용한다.

이번에는 사차방정식을 풀어보도록 하자. 사차방정식은 근이 없거나 1개일 수도 있고, 2개일 수도, 3개일 수도 4개일 수도 있다. 사차방정식도 인수를 찾으면 조립제법으로 해결한 후, 근의 공식으로 풀 수가 있다.

$x^4+2x^3-3x^2-4x=0$인 사차방정식이 있다. 여기서 관심이 가는 것은 상수항이 없다는 사실이다. 상수항이 없다면 x를 인수로 x 곱하기 3차식의 형태로 할 수 있다.

우선 $x(x^3+2x^2-3x-4)=0$으로 나타낼 수 있다. 삼차방정식 $x^3+2x^2-3x-4=0$을 풀기 위해서는 -4의 약수를 생각해본다. ±1, ±2, ±4 중에서 $f(x)=0$을 만족시키는 x를 생각해본다. $f(1)=1^3+2\times1^2-3\times1-4=-4$이므로 성립하지 않는다.

$f(-1)=(-1)^3+2\times(-1)^2-3\times(-1)-4=0$을 만족하므로 $(x+1)$을 인수로 가진다. 이제 조립제법을 이용하면,

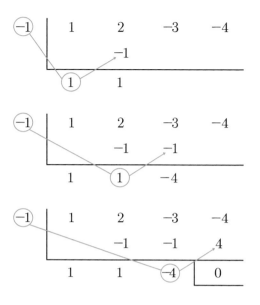

사차방정식 $x^4+2x^3-3x^2-4x=0$은 $x(x+1)(x^2+x-4)=0$
으로 인수분해되었지만 아직 $x^2+x-4=0$의 근을 구하지 않았다.
그런데 한 가지 생각해볼 수 있는 것은 x^2+x-4는 인수분해가
되지도 않지만 판별식 $D=b^2-4ac>0$이라는 사실이다. 판별식이
0보다 크다면 두 개의 실근을 갖는다. 그래서 인수분해가 되지 않
고, 근의 공식으로 풀어야 한다.

근의 공식에 의해 $x=\dfrac{-1\pm\sqrt{17}}{2}$이다. 따라서 $x=-1$ 또는 0
또는 $\dfrac{-1\pm\sqrt{17}}{2}$이다.

문제 **1** $x^3 + 3x^2 - 4 = 0$을 풀어보아라.

풀이 $f(1) = 0$이 성립한다. $(x-1)$을 인수로 갖게 되며, 조립제법
으로 풀면,

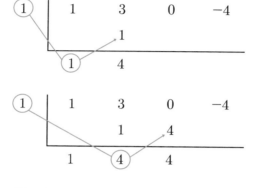

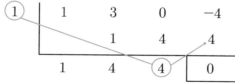

$x^3 + 3x^2 - 4 = 0$에서 $(x-1)(x^2 + 4x + 4) = (x-1)(x+2)^2$
$= 0$이므로 $x = -2$ 또는 1

답 $x = -2$ 또는 1

문제 **2** $x^4-7x^2+6=0$을 풀어보아라.

풀이 $f(1)=f(-1)=0$이므로, 조립제법으로 이용한다.

(x-1)을 인수로 하여 조립제법으로 풀면,

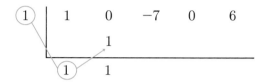

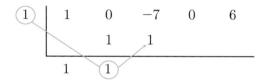

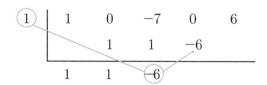

$x^4-7x^2+6=0$이 $(x-1)(x^3+x^2-6x-6)=0$에서

$f(-1)=0$이 되므로, $x^3+x^2-6x-6=0$을 다시 조립제법으로 풀면,

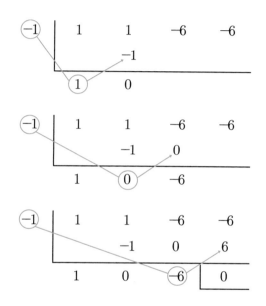

$(x+1)(x-1)(x^2-6)=0$의 근은 $x=\pm1$ 또는 $\pm\sqrt{6}$이다.

답 $x=\pm1$ 또는 $\pm\sqrt{6}$

치환으로 푸는 방법

이제까지 삼·사차 방정식의 근을 구하는 방법으로 인수정리와 조립제법에 대해 알아보았다. 지금까지 설명한 방법으로 삼·사차 방정식을 풀어도 되지만, 치환하여 푸는 방법도 있다.

사차방정식 중에는 복이차방정식^{biquadratic equations}이 있다. 복이차방정식은 $ax^4+bx^2+c=0$의 형태인 방정식이다. $x^2=t$로 치환 가능한데 치환은 복잡한 식을 단순화하는 데 많이 필요한 풀이방법이다. 그래서 $ax^4+bx^2+c=0$에서 $x^2=t$로 치환하면, $at^2+bt+c=0$이며 이것을 인수분해한 후에 풀면 된다.

$x^4-5x^2-6=0$의 문제를 풀어보자.

여기서 $x^2=t$로 치환하면 $t^2-5t-6=0$이라는 t에 관한 이차방정식이 된다. t에 관한 이차방정식은 $(t-6)(t+1)=0$으로 인수분해가 된다. $t=-1$ 또는 6이 되는데, 아직 끝난 것이 아니다. 구하는 근은 t가 아니고 x이기 때문이다.

그러면 $t=-1$일 때 $x^2=-1$이므로 $x=\pm i$이다. $t=6$일 때 $x^2=6$이므로 $x=\pm\sqrt{6}$ 이다. 따라서 $x=\pm\sqrt{6}$ 또는 $\pm i$이다.

완전제곱식으로 푸는 방법

$x^4+5x^2+9=0$의 사차방정식은 어떻게 풀까? 치환해서 풀면 대단히 복잡해지므로 $A^2-B^2=0$의 방식으로 푸는데, 이차식을 뒤로 빼고

x^4+9를 우선 이용하여 완전제곱식을 만든다. $x^4+9=(x^2+3)^2-6x^2$ 이다.

그러나 이것은 A^2-B^2으로 하기에 부적절하다.

이번에는 $x^4+9+5x^2=(x^2+3)^2-x^2$을 유도해낸다. 그렇다면 $x^4+5x^2+9=0$은 $(x^2+3)^2-x^2=(x^2+3+x)(x^2+3-x)=0$이다.

식을 정리하면, $(x^2+x+3)(x^2-x+3)=0$이다. 근의 공식을 이용하면 $x=\dfrac{-1\pm\sqrt{11}i}{2}$ 또는 $\dfrac{1\pm\sqrt{11}i}{2}$ 이다.

상반방정식을 푸는 방법

상반방정식$^{symmetric\ equations}$은 $ax^4+bx^3+cx^2+bx+a=0$처럼 x^2을 중심으로 좌우대칭인 계수를 가진 방정식을 말한다. 상반방정식은 풀이 방법이 정해져 있다. 우선, 양변을 x^2으로 나눈 후, $x+\dfrac{1}{x}=t$로 치환하여 t에 관한 이차방정식으로 푸는 것이다.

$x^4+4x^3-3x^2+4x+1=0$을 풀어보도록 하자.

$x^4+4x^3-3x^2+4x+1=0$에서

x^2을 인수로 정한 뒤 정리하면

$$x^2\left(x^2+4x-3+\dfrac{4}{x}+\dfrac{1}{x^2}\right)=0$$

완전제곱식을 만들기 위하여
순서를 바꾸어 나열하면

$$x^2\left\{\left(x^2+\dfrac{1}{x^2}\right)+4\left(x+\dfrac{1}{x}\right)-3\right\}=0$$

$x^2+\dfrac{1}{x^2}$을 $\left(x+\dfrac{1}{x}\right)^2-2$의
형태로 고쳐 쓰면

$$x^2\left\{\left(x+\frac{1}{x}\right)^2-2+4\left(x+\frac{1}{x}\right)-3\right\}=0$$

$$x^2\left\{\left(x+\frac{1}{x}\right)^2+4\left(x+\frac{1}{x}\right)-5\right\}=0$$

$x+\dfrac{1}{x}=t$로 치환하면

$$x^2(t^2+4t-5)=0$$

t에 관한 이차식을 인수분해하면

$$x^2(t+5)(t-1)$$

t를 다시 $x+\dfrac{1}{x}$로 대입하면

$$x^2\left(x+\frac{1}{x}+5\right)\left(x+\frac{1}{x}-1\right)=0$$

x^2을 $x\times x$로 나누어 각각의 일차식 앞에 놓으면

$$\underline{x\left(x+\frac{1}{x}+5\right)}_{\text{전개}}\ \underline{x\left(x+\frac{1}{x}-1\right)}_{\text{전개}}=0$$

각각 전개하면

$$=(x^2+5x+1)(x^2-x+1)=0$$

근의 공식을 이용하여 x의 값을 구하면

$$\therefore\ x=\frac{-5\pm\sqrt{21}}{2}\ \text{또는}\ \frac{1\pm\sqrt{3}\,i}{2}$$

이 문제는 가장 먼저 x^2의 인수로 묶은 다음, 완전제곱의 형태로 만든 다음 t로 치환한 후 문제를 푸는 방법이다. 두 이차식의 곱으로 인수분해가 되기 때문에 나중에는 근의 공식을 이용하여 푸는 것이다.

문제**1** $2x^4 - 5x^3 + x^2 - 5x + 2 = 0$을 풀어보아라.

풀이 $2x^4 - 5x^3 + x^2 - 5x + 2 = 0$

x^2을 인수로 정한 뒤 정리하면

$$x^2\left(2x^2 - 5x + 1 - \frac{5}{x} + \frac{2}{x^2}\right) = 0$$

완전제곱을 하기 위해
순서를 바꾸어 나열하면

$$x^2\left(2x^2 + \frac{2}{x^2} - 5x - \frac{5}{x} + 1\right) = 0$$

$$x^2\left\{2\left(x^2 + \frac{1}{x^2}\right) - 5\left(x + \frac{1}{x}\right) + 1\right\} = 0$$

$$x^2\left\{2\left(x + \frac{1}{x}\right)^2 - 4 - 5\left(x + \frac{1}{x}\right) + 1\right\} = 0$$

$x + \dfrac{1}{x} = t$로 치환하면

$$x^2(2t^2 - 5t - 3) = 0$$

t에 관한 이차식을 인수
분해하면

$$x^2(2t + 1)(t - 3) = 0$$

t에 다시 $x + \dfrac{1}{x}$를 대입하면

$$x^2\left\{2\left(x + \frac{1}{x}\right) + 1\right\}\left(x + \frac{1}{x} - 3\right) = 0$$

x^2을 $x \times x$로 나누어
각각의 일차식 앞에 놓으면

$$\underbrace{x\left(2x + \frac{2}{x} + 1\right)}_{\text{전개}} \underbrace{x\left(x + \frac{1}{x} - 3\right)}_{\text{전개}} = 0$$

각각 전개하면

$$(2x^2 + x + 2)(x^2 - 3x + 1) = 0$$

근의 공식을 이용하여
x값을 구하면

$$\therefore x = \frac{-1 \pm \sqrt{15}\,i}{4} \quad \text{또는} \quad \frac{3 \pm \sqrt{5}}{2}$$

답 $\quad x = \dfrac{-1 \pm \sqrt{15}\,i}{4}\quad \text{또는}\quad \dfrac{3 \pm \sqrt{5}}{2}$

문제 2 $\quad x^4 + 5x^3 - 4x^2 + 5x + 1 = 0$의 허근을 구하여라.

풀이 $\quad x^4 + 5x^3 - 4x^2 + 5x + 1 = 0$

x^2을 인수로 정한 뒤 정리하면

$$x^2\left(x^2 + 5x - 4 + \frac{5}{x} + \frac{1}{x^2}\right) = 0$$

완전제곱을 하기 위하여
순서를 바꾸어 나열하면

$$x^2\left(x^2 + \frac{1}{x^2} + 5x + \frac{5}{x} - 4\right) = 0$$

$x^2 + \dfrac{1}{x^2}$을 $\left(x + \dfrac{1}{x}\right)^2 - 2$의
형태로 고쳐 쓰면

$$x^2\left\{\left(x + \frac{1}{x}\right)^2 + 5\left(x + \frac{1}{x}\right) - 6\right\} = 0$$

$x + \dfrac{1}{x} = t$로 치환하면

$$x^2(t^2 + 5t - 6) = 0$$

t에 관한 이차식을
인수분해하면

$$x^2(t+6)(t-1)=0$$

t에 다시 $x+\dfrac{1}{x}$를 대입하면

$$x^2\left(x+\dfrac{1}{x}+6\right)\left(x+\dfrac{1}{x}-1\right)=0$$

x^2을 $x\times x$로 나누어 각각의
일차식 앞에 놓으면

$$\underset{\text{전개}}{\underline{x\left(x+\dfrac{1}{x}+6\right)}}\underset{\text{전개}}{\underline{x\left(x+\dfrac{1}{x}-1\right)}}=0$$

각각 전개하면

$$(x^2+6x+1)(x^2-x+1)=0$$

근의 공식을 이용하여
x의 값을 구하면

$$\therefore\ x=-3\pm2\sqrt{2}\ \text{또는}\ \dfrac{1\pm\sqrt{3}\,i}{2}$$

여기서 허근은 $\dfrac{1\pm\sqrt{3}\,i}{2}$

답 $\dfrac{1\pm\sqrt{3}\,i}{2}$

② 삼차방정식의 근과 계수의 관계

이차방정식에서는 $ax^2+bx+c=0$에서 두 근을 α, β로 할 때, 두 근의 합은 $\alpha+\beta=-\dfrac{b}{a}$, 두 근의 곱은 $\alpha\beta=\dfrac{c}{a}$임을 이미 설명했다. 삼차방정식은 $ax^3+bx^2+cx+d=0$에서 세 근을 α,β,γ로 할 때, 세 근의 합과 두 근끼리 곱의 합, 세 근의 곱을 구할 수 있다.

이차방정식의 두 근의 합이 $-\dfrac{b}{a}$인 것처럼 삼차방정식의 세 근의 합인 $\alpha+\beta+\gamma=-\dfrac{b}{a}$이다($\gamma$는 감마라고 읽는다). 그리고 이차방정식에는 두 근의 곱을 구했지만, 삼차방정식에서는 두 근끼리 곱의 합은 $\alpha\beta+\beta\gamma+\gamma\alpha=\dfrac{c}{a}$이다. 또한 세 근의 곱 $\alpha\beta\gamma=-\dfrac{d}{a}$ 이다.

사차방정식은 $ax^4+bx^3+cx^2+dx+e=0$이 일반형이며, $\alpha,\beta,\gamma,\delta$의 네 개의 근을 가진다고 하면, 네 개의 근의 합은 이·삼차방정식과 같이 $\alpha+\beta+\gamma+\delta=-\dfrac{b}{a}$ 이다(δ는 델타라고 읽는다). 그리고 서로 다른 두 근끼리 곱의 합은 $\alpha\beta+\alpha\gamma+\alpha\delta+\beta\gamma+\beta\delta+\gamma\delta=\dfrac{c}{a}$이다. 서로 다른 세 근끼리 곱의 합은 $\alpha\beta\gamma+\alpha\beta\delta+\alpha\gamma\delta+\beta\gamma\delta=-\dfrac{d}{a}$이다. 마지막으로 모든 근의 곱 $\alpha\beta\gamma\delta=\dfrac{e}{a}$이다.

이차방정식이 두 근 α, β를 가지면 $x^2-(\alpha+\beta)x+\alpha\beta=0$의 방정식을 만들 수 있다. 마찬가지로 세 근을 α, β, γ로 한다면 x^3-

$(\alpha+\beta+\gamma)x^2+(\alpha\beta+\beta\gamma+\gamma\alpha)x-\alpha\beta\gamma=0$으로 할 수 있다.

사차방정식은 네 개의 근 α, β, γ, δ로 $x^4-(\alpha+\beta+\gamma+\delta)x^3$ $+(\alpha\beta+\alpha\gamma+\alpha\delta+\beta\gamma+\beta\delta+\gamma\delta)x^2-(\alpha\beta\gamma+\alpha\beta\delta+\alpha\gamma\beta+\beta\gamma\delta)x+\alpha\beta\gamma\delta=0$이 된다.

이제 삼차방정식 $x^3-2x^2+3x+1=0$을 예로 하나 들어보자.

여기서 우리는 세 근을 α, β, γ로 할 때, $x^3-(\alpha+\beta+\gamma)x^2$ $+(\alpha\beta+\beta\gamma+\gamma\alpha)x-\alpha\beta\gamma=0$으로 삼차방정식을 세울 수 있다.

$$x^3-2x^2+3x+1=0$$

서로 같다

$$x^3-(\alpha+\beta+\gamma)x^2+(\alpha\beta+\beta\gamma+\gamma\alpha)x-\alpha\beta\gamma=0$$

위에서 나타난 것처럼 서로 같은 식임을 알면, $\alpha+\beta+\gamma=2$, $\alpha\beta+\beta\gamma+\gamma\alpha=3$, $\alpha\beta\gamma=-1$임을 알 수 있다. 대체적으로 문제에서 세 개의 근에 대해 물어보면, 세 근의 합과 두 근끼리 곱의 합, 세 근의 곱을 물어보는 것이며, 이 세 가지를 기억하면 빠르게 해결할 수가 있다.

그런데 만약 $\frac{1}{\alpha}+\frac{1}{\beta}+\frac{1}{\gamma}$을 물어보는 문제가 있다면, 먼저 통분하고 문제를 푼다.

이때는 $\frac{1}{\alpha}+\frac{1}{\beta}+\frac{1}{\gamma}=\frac{\alpha\beta+\beta\gamma+\gamma\alpha}{\alpha\beta\gamma}=\frac{3}{-1}=-3$이 된다.

문제1 $x^3-x^2+2x-1=0$의 세 근이 α, β, γ이면 $\alpha^2+\beta^2+\gamma^2$을 구하여라.

풀이 $x^3-x^2+2x-1=0$에서 $\alpha+\beta+\gamma=1$, $\alpha\beta+\beta\gamma+\gamma\alpha=2$, $\alpha\beta\gamma=1$임을 알 수 있다.

$$\alpha^2+\beta^2+\gamma^2=(\alpha+\beta+\gamma)^2-2(\alpha\beta+\beta\gamma+\gamma\alpha)$$
$$=1^2-2\times2=-3$$

답 -3

문제2 삼차방정식 $x^3+x^2-4x+4=0$의 세 근을 α, β, γ이면 $\dfrac{\beta+\gamma}{\alpha}+\dfrac{\gamma+\alpha}{\beta}+\dfrac{\alpha+\beta}{\gamma}$ 를 구하여라.

풀이 $\alpha+\beta+\gamma=-1$, $\alpha\beta+\beta\gamma+\gamma\alpha=-4$, $\alpha\beta\gamma=-4$이다.

$$\frac{\beta+\gamma}{\alpha}+\frac{\gamma+\alpha}{\beta}+\frac{\alpha+\beta}{\gamma}=\frac{-1-\alpha}{\alpha}+\frac{-1-\beta}{\beta}+\frac{-1-\gamma}{\gamma}$$

$$=-\left(\frac{1}{\alpha}+\frac{1}{\beta}+\frac{1}{\gamma}\right)-3=-\left(\frac{\alpha\beta+\beta\gamma+\gamma\alpha}{\alpha\beta\gamma}\right)-3$$

$$=-\left(\frac{-4}{-4}\right)-3=-4$$

답 -4

③ 켤레근과 허근의 성질

삼차방정식에서 세 개의 근이 나올 때 한 근이 무리수이면 다른 한 근도 무리수인데 이때 서로 켤레근이 된다. 즉 $p+q\sqrt{m}$이 한 근이면 다른 한 근은 $p-q\sqrt{m}$이다. 또한 켤레근이 $p+qi$와 $p-qi$ 이다. 이것은 이차방정식에서도 마찬가지로 삼차방정식에도 적용이 되는 것이다. 다음은 이것을 정리한 것이다.

삼차방정식 $ax^3+bx^2+cx+d=0$에서

(1) a, b, c, d가 유리수일 때, 한 근이 $p+q\sqrt{m}$이면 $p-q\sqrt{m}$도 근이다.

　　(단 p, q는 유리수이며, $q \neq 0$, $\sqrt{m}$은 무리수)

(2) a, b, c, d가 실수일 때, 한 근이 $p+qi$이면 $p-qi$도 근이다.

　　(단 p, q는 실수이며, $q \neq 0$, $i=\sqrt{-1}$)

삼차방정식에서 허근의 성질을 알아보면, 사차방정식 $x^3=1$의 한 허근이 ω이면 $\omega^3=1$임을 알 수 있다. 대입만 해본 것이다. ω 는 '오메가'라고 읽는다. 그리고 ω의 켤레근이 $\overline{\omega}$ 일 때, 대입하면 $\overline{\omega}^3=1$이다.

그리고 $x^3=1$

$$x^3-1=0$$

$(x-1)(x^2+x+1)=0$에서,

한 허근이 ω이면 $\omega^2+\omega+1=0$이 성립한다. 켤레근이 $\overline{\omega}$이면 $\overline{\omega}^2+\overline{\omega}+1=0$도 성립한다. 여기서 $\omega\neq1$이 왜 안 되는지 궁금할 수가 있는데, $\omega=1$이 되면 실근이 되기 때문에 여기에서 ω는 항상 허근만을 생각한다.

그리고 $x^2+x+1=0$이 성립하므로, 이 방정식의 두 근이 ω, $\overline{\omega}$이면 두 켤레근이 되므로 $\omega+\overline{\omega}=-1$, $\omega\overline{\omega}=1$이 된다. 이것을 정리하면 다음처럼 쓸 수 있다.

삼차방정식 $x^3=1$의 한 허근이 ω이면,

(1) $\omega^3=1$, $\overline{\omega}^3=1$

(2) $\omega^2+\omega+1=0$, $\overline{\omega}^2+\overline{\omega}+1=0$

(3) $\omega+\overline{\omega}=-1$, $\omega\overline{\omega}=1$

(4) $\omega^2=\overline{\omega}=\dfrac{1}{\omega}$

x의 한 허근이 ω이고 $\omega^3=1$일 때 켤레근 $\overline{\omega}$가 있으면 $\overline{\omega}^3=1$이 된다. 그리고 $\omega^5+\omega^4+1$을 구하기 위해서는 $\omega^5=\omega^3\times\omega^2=1\times\omega^2=\omega^2$이고, $\omega^4=\omega^3\times\omega=1\times\omega=\omega$이다. 식을 간단히 하면 $\omega^5+\omega^4+1=\omega^2+\omega+1$이다. $\omega^3=1$에서 $\omega^2+\omega+1=0$이므로 계산하면 0이 된다.

거꾸로 $\omega^2+\omega+1=0$임을 이용하여, $\omega^3=1$이면 ω^9은 $(\omega^3)^3=1^3=1$임을 알 수 있다.

문제 1 삼차방정식 $x^3=1$의 한 허근이 ω이면 $\dfrac{1}{\omega^4}+\dfrac{1}{\omega^5}$을 구하여라.

풀이 먼저 $\omega^3=1$인 것을 알면, $\omega^4=\omega^3\times\omega=1\times\omega=\omega$, $\omega^5=\omega^3\times\omega^2$

$=1\times\omega^2=\omega^2$이다.

이에 따라 식은 $\dfrac{1}{\omega^4}+\dfrac{1}{\omega^5}=\dfrac{1}{\omega}+\dfrac{1}{\omega^2}$이 된다.

ω의 차수가 낮아진 것이다. 구하고자 하는 값을 통분하면

$\dfrac{1}{\omega}+\dfrac{1}{\omega^2}=\dfrac{\omega+1}{\omega^2}$ 이다.

이번에는 $x^3=1$을 ω를 대입하여 식을 변형하면,

$(\omega-1)(\omega^2+\omega+1)=0$에서 $\omega^2+\omega+1=0$임을 알 수 있다.

$\omega+1=-\omega^2$이므로 $\dfrac{\omega+1}{\omega^2}=\dfrac{-\omega^2}{\omega^2}=-1$이 된다.

답 -1

문제 2 $x^3+ax^2+bx-3=0$의 한 근이 $1+\sqrt{2}\,i$일 때, ab를 구하여라(단 a, b는 실수).

풀이 먼저 $x^3+ax^2+bx-3=0$에서 한 근 $1+\sqrt{2}\,i$를 α로 하고, 켤레근 $1-\sqrt{2}\,i$를 β로 하자. 그리고 나머지 한 근은 γ로 하자.

$\alpha+\beta+\gamma=1+\sqrt{2}\,i+1-\sqrt{2}\,i+\gamma=-a$

$\quad 2+\gamma=-a \quad \cdots$①

$\alpha\beta\gamma=(1+\sqrt{2}\,i)(1-\sqrt{2}\,i)\gamma=3$

$$3\gamma = 3$$

$$\gamma = 1 \qquad \cdots ②$$

②의 식 γ값 1을 ①의 식에 대입하면, $a = -3$

삼차방정식 $x^3 + ax^2 + bx - 3 = 0$에 실근 $\gamma = 1$을 대입하면,

$$1^3 + a \times 1^2 + b \times 1 - 3 = 0$$

$$a + b = 2 \qquad \cdots ③$$

$a = -3$을 ③의 식에 대입하면, $b = 5$

$$\therefore ab = (-3) \times 5 = -15$$

답 -15

문제 **3** 삼차방정식 $x^3 = 1$의 한 허근이 ω일 때, $\omega^{101} + \omega^{100} + 1$을 구하여라.

풀이 $\omega^3 = 1$이므로,

$$\omega^{101} = \{\omega^3\}^{33} \times \omega^2 = 1^{33} \times \omega^2 = \omega^2$$

$$\omega^{100} = \{\omega^3\}^{33} \times \omega = 1^{33} \times \omega = \omega,$$

$$\omega^{101} + \omega^{100} + 1 = \omega^2 + \omega + 1 = 0$$

$$(\because \ \omega^3 = 1 \text{에서} \ (\omega - 1)(\omega^2 + \omega + 1) = 0)$$

답 0

④ 고차방정식의 활용문제

고차방정식의 식을 세울 때는 다음 순서에 따라 문제를 풀어본
다. 보통 삼차방정식의 문제는 도형의 부피에 관한 문제가 많은 편
이다. 그리고 그에 맞게 꼭 그림을 그린 후 계산을 하길 바란다.

고차방정식의 활용문제 해결 순서는 아래와 같다.

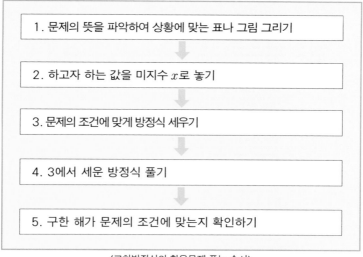

1. 문제의 뜻을 파악하여 상황에 맞는 표나 그림 그리기

2. 하고자 하는 값을 미지수 x로 놓기

3. 문제의 조건에 맞게 방정식 세우기

4. 3에서 세운 방정식 풀기

5. 구한 해가 문제의 조건에 맞는지 확인하기

〈고차방정식의 활용문제 푸는 순서〉

일·이차방정식과 마찬가지로 구하고자 하는 미지수를 x로 놓
고, 조건에 맞게 방정식을 세운다. 풀이방법은 인수정리, 조립제

법, 인수분해, 근의 공식, 치환, 완전제곱 중에서 적절한 방법을 택하여 푼다. 마지막으로 근을 검토한다.

　다음 문제를 풀어보자.

　밑면의 가로, 밑면의 세로, 높이가 모두 $x$cm인 정육면체가 있다. 밑면의 가로 길이를 1cm 늘리고, 밑면의 세로 길이는 1cm 줄이고, 높이는 그대로 유지하였더니 부피가 120cm³가 되었다. 원래 정육면체의 한 변의 길이를 구하여라.

　위의 문제를 그림으로 나타내면 다음과 같다.

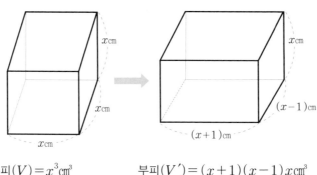

부피$(V) = x^3$cm³　　　부피$(V') = (x+1)(x-1)x$cm³

　식을 늘어난 부피에 관한 삼차방정식으로 세워야 한다. 식은 다음과 같다.

$(x+1)(x-1)x=120$

$x^3-x-120=0$

여기서 -120의 약수를 ±1, ±2, ±3, ±4, ±5, …을 순서대로 대입하면, $x=5$일 때 근인 것을 알 수 있다. 물론 ±1부터 대입해 확인을 하면서 x를 찾아야 한다. $(x-5)$가 인수이므로, 조립제법을 통해서 $(x-5)(x^2+5x+24)=0$이 되며 더 이상 인수분해가 되지 않는다. 나머지 이차식은 판별식이 $D=5^2-4\times1\times24<0$이기 때문에 허근이므로 실수값인 5가 만족함을 알 수 있다.

따라서 원래 정육면체의 밑면의 가로 길이, 밑면의 세로 길이, 높이는 5cm이다.

문제를 하나 더 풀어보자. 다음과 같은 직육면체의 전개도를 그렸다. 네 모퉁이의 길이를 빼고 상자를 만들면 부피가 16이다. 귀퉁이의 한 변의 길이를 구하여라.

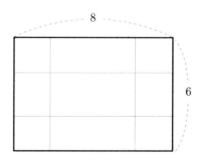

이 전개도에서 귀퉁이(정사각형의 모양 모서리 부분)의 한 변의 길이를 잘라내고 겨냥도를 그린 후 부피를 생각하면 문제의 식을

쉽게 세울 수 있다. 귀퉁이의 한 변의 길이를 x로 하고, 다음의 전개도와 겨냥도로 나타낸다.

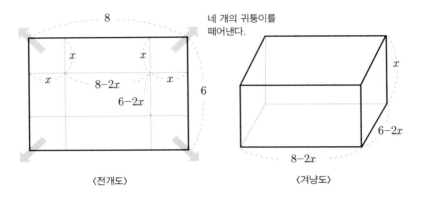

〈전개도〉　　　　　　　　　〈겨냥도〉

겨냥도에서 삼차방정식을 세우면,

$$(8-2x)(6-2x)x = 16$$
$$(48-16x-12x+4x^2)x = 16$$
$$4x^3-28x^2+48x-16 = 0$$
$$4(x^3-7x^2+12x-4) = 0$$
$$4(x-2)(x^2-5x+2) = 0$$

$$x = 2 \text{ 또는 } \frac{5\pm\sqrt{17}}{2}$$

여기서 확인할 것은 밑면의 가로 길이가 $8-2x>0$, 세로 길이가 $6-2x>0$, 높이는 $x>0$인 조건이다. 세 조건에 만족하는 $0<x<3$이므로, 해가 나오더라도 이 조건에 맞는지 하나하나 따

져보아야 한다. $x=2$일 때는 부피가 16이 된다. 그리고 $x=2$가 $0<x<3$에 만족하므로 근이다. 다음으로 $x=\dfrac{5+\sqrt{17}}{2}>3$이므로, 해가 될 수 없다. 마지막으로, $x=\dfrac{5-\sqrt{17}}{2}$은 문제의 조건에 맞고 부피가 16이므로 근이다.

$x=\dfrac{5-\sqrt{17}}{2}$ 일 때, 확인해보면,

밑면의 가로 길이는

$$8-2\times\left(\dfrac{5-\sqrt{17}}{2}\right)=8-(5-\sqrt{17})=3+\sqrt{17}$$

밑면의 세로 길이는

$$6-2\times\left(\dfrac{5-\sqrt{17}}{2}\right)=6-(5-\sqrt{17})=1+\sqrt{17}$$

높이는 $\dfrac{5-\sqrt{17}}{2}$

부피는 밑면의 가로 길이×밑면의 세로 길이×높이이므로

$$=(3+\sqrt{17})(1+\sqrt{17})\left(\dfrac{5-\sqrt{17}}{2}\right)=16$$

특히 $\dfrac{5-\sqrt{17}}{2}$ 인 해는 길이가 무리수더라도 조건에 맞는다면 해가 됨을 주의한다. 따라서 귀퉁이의 한 변의 길이는 2 또는 $\dfrac{5-\sqrt{17}}{2}$ 이다.

제 **4**장

연립방정식

2개 이상의 미지수를 포함하는
2개 이상의 방정식 묶음

연립일차방정식의 소거법

연립방정식 중에는 미지수가 x, y, z 3개인 연립일차방정식이 있다. $x+4y+z=0$은 x, y, z에 관한 일차방정식이다. 여기서 x, y, z를 실수의 범위에서 구하라고 한다면, x, y, z가 무수히 많아서 구할 수 없음을 알게 된다. 그래서 $2x+3y-z=6$의 일차방정식을 나란히 연립방정식으로 하면 구할 수 있는지 해보니,

$$\begin{cases} x+4y+z=0 \\ 2x+3y-z=6 \end{cases}$$

이 된다. 위의 연립일차방정식이 나와서 위의 방정식과 아래의 방정식을 더했더니, $3x+7y=6$이라는 방정식이 나오게 되었다.

역시, 미지수가 2개이고 식이 2개이므로 구할 수 없다.

일반적으로 x, y, z에 관한 연립일차방정식(또는 삼원일차연립방정식)은 3개의 일차방정식을 설정해야만 x, y, z의 소거에 의해 풀 수가 있다. 따라서 하나의 일차방정식 $4x + 2y + 3z = 2$를 하나 더 놓는다. 연립일차방정식을 세우면 다음과 같다.

$$\begin{cases} x + 4y + z = 0 \\ 2x + 3y - z = 6 \\ 4x + 2y + 3z = 2 \end{cases}$$

위의 연립일차방정식을 풀어보는 첫 번째 방법은 x, y, z 중에서 어느 한 미지수를 없앤 후 두 개의 미지수로 된 연립일차방정식으로 변형하는 것이다. 미지수 중 어떤 것을 먼저 소거할지 결정하는 방법은 세 가지로, x를 소거한 후 y, z의 연립일차방정식으로 풀어보자. 각각의 일차방정식에 번호를 메기고 난 후, x를 없애기 위하여 ①의 식에 2를 곱한다. 그리고 난 후 ②의 식을 뺀다.

$$\begin{cases} x + 4y + z = 0 & \cdots ① \\ 2x + 3y - z = 6 & \cdots ② \\ 4x + 2y + 3z = 2 & \cdots ③ \end{cases}$$

$$\begin{cases} x + 4y + z = 0 & \cdots ① \\ 2x + 3y - z = 6 & \cdots ② \end{cases}$$

①의 식×2−②의 식을 하면,

$$2x + 8y + 2z = 0 \quad \cdots ①'$$
$$-) \ 2x + 3y - z = 6 \quad \cdots ②$$
$$\overline{ 5y + 3z = -6} \quad \cdots ④$$

$5y + 3z = -6$을 ④의 식으로 하면, 이번에는 ②의 식×2−③의 식을 해보자.

$$4x + 6y - 2z = 12 \quad \cdots ②'$$
$$-) \ 4x + 2y + 3z = 2 \quad \cdots ③$$
$$\overline{ 4y - 5z = 10} \quad \cdots ⑤$$

$4y - 5z = 10$을 ⑤의 식으로 하면 ④와 ⑤의 식이 y, z의 연립일차방정식이기 때문에 이 연립일차방정식을 풀면 된다.

두 연립일차방정식의 y의 계수가 각각 5, 4이므로 최소공배수인 20을 만들기 위하여 ④의 식에는 4를 곱하고, ⑤의 식에는 5를 곱한다.

$$\begin{cases} 5y + 3z = -6 & \cdots ④ \\ 4y - 5z = 10 & \cdots ⑤ \end{cases}$$

④의 식×4−⑤의 식×5를 하면

$$\begin{cases} 20y + 12z = -24 & \cdots ④' \\ 20y - 25z = 50 & \cdots ⑤' \end{cases}$$

④'의 식−⑤'의 식을 하면

$$20y + 12z = -24 \quad \cdots ④'$$
$$-) \ \underline{20y - 25z = 50 \quad \cdots ⑤'}$$
$$37z = -74$$
$$\therefore z = -2$$

④의 식에 $z=-2$를 대입하면, $y=0$이 된다. ①의 식이나 ②의 식에서 $x=2$가 됨을 알 수 있다. 따라서 $x=2, y=0, z=-2$이다.

이번에는 두 번째 방법으로 y를 소거하는 방법으로 풀어보자. 앞서 했던 x를 소거하는 방법과 마찬가지로 각각의 일차방정식에 나란히 번호를 메기면 다음과 같다.

$$\begin{cases} x + 4y + z = 0 & \cdots ① \\ 2x + 3y - z = 6 & \cdots ② \\ 4x + 2y + 3z = 2 & \cdots ③ \end{cases}$$

①, ②, ③의 식에서 일차방정식을 보면, y의 계수가 4, 3, 2이다. ①의 식 y계수 4는 ③의 식 y계수의 2배이므로 ①의 식$-$③의 식$\times 2$를 계산하면, y가 소거되어 x와 z에 대한 식이 된다. ③의 식에 2를 곱하면 ③$'$가 된다.

$$x + 4y + z = 0 \quad \cdots ①$$
$$-) \ \underline{8x + 4y + 6z = 4 \quad \cdots ③'}$$
$$-7x - 5z = -4 \quad \cdots ④$$

①의 식과 ②의 식에는 y의 계수가 각각 4, 3이므로 최소공배수인 12를 만들기 위하여 3과 4를 각각 곱한다. ①의 식×3 − ②의 식×4로 만든다. ①의 식×3은 ①′의 식으로, ②의 식×4는 ②′의 식으로 놓는다.

$$
\begin{array}{r}
3x + 12y + 3z = 0 \quad \cdots①' \\
-)\ \ 8x + 12y - 4z = 24 \quad \cdots②' \\
\hline
-5x + 7z = -24 \quad \cdots⑤
\end{array}
$$

④의 식과 ⑤의 식을 연립일차방정식으로 놓으면,

$$
\begin{cases}
-7x - 5z = -4 & \cdots④ \\
-5x + 7z = -24 & \cdots⑤
\end{cases}
$$

④의 식과 ⑤의 식을 보면 x의 계수가 −7과 −5이므로 최소공배수인 35를 만들기 위해서는 ④의 식×5 − ⑤의 식×7을 계산한다.

$$
\begin{array}{r}
-35x - 25z = -20 \quad \cdots④' \\
-)\ \ -35x + 49z = -168 \quad \cdots⑤' \\
\hline
-74z = 148 \\
\therefore z = -2
\end{array}
$$

$z = -2$이므로, ④의 식에 $z = -2$를 대입하면 $x = 2$, ①의 식에 x, z를 대입하면 $y = 0$이다.

마지막 세 번째 방법은 z를 소거하는 방법으로 연립일차방정식을 풀어보는 것이다.

$$\begin{cases} x+4y+z=0 & \cdots ① \\ 2x+3y-z=6 & \cdots ② \\ 4x+2y+3z=2 & \cdots ③ \end{cases}$$

①의 식과 ②의 식의 합은 z를 바로 소거시키므로 x, y에 관한 연립일차방정식이 된다.

$$\begin{array}{ll} \ x+4y+z=0 & \cdots ① \\ +)\ 2x+3y-z=6 & \cdots ② \\ \hline \ 3x+7y=6 & \cdots ④ \end{array}$$

②의 식×3+③의 식을 하면

$$\begin{array}{ll} \ 6x+9y-3z=18 & \cdots ②' \\ +)\ 4x+2y+3z=2 & \cdots ③ \\ \hline \ 10x+11y=20 & \cdots ⑤ \end{array}$$

이제는 ④의 식과 ⑤의 식을 풀면 된다.

④의 식×10− ⑤의 식×3을 하면

$$\begin{array}{ll} \ 30x+70y=60 & \cdots ④' \\ -)\ 30x+33y=60 & \cdots ⑤' \\ \hline \ 37y=0 & \\ \ \therefore y=0 & \end{array}$$

⑤의 식에서 $y=0$을 대입하면 $x=2$가 된다. 그리고 z의 값은 ①의 식에 x, y를 대입하면 $z=-2$이다.

제**1** 다음 연립일차방정식을 풀어라.

$$\begin{cases} x+y-z=6 \\ x-3y+5z=2 \\ 2x+y-4z=-3 \end{cases}$$

풀이
$$\begin{cases} x+y-z=6 & \cdots ① \\ x-3y+5z=2 & \cdots ② \\ 2x+y-4z=-3 & \cdots ③ \end{cases}$$

①의 식−②의 식을 하면,
y, z에 관한 식이 나온다.

$$\begin{array}{r} x+y-z=6 \qquad \cdots① \\ -)\ x-3y+5z=2 \qquad \cdots② \\ \hline 4y-6z=4 \qquad \cdots④ \end{array}$$

①의 식×2−③의 식을 하면,
y, z에 관한 식이 나온다.

$$\begin{array}{r} 2x+2y-2z=12 \qquad \cdots①' \\ -)\ 2x+y-4z=-3 \qquad \cdots③ \\ \hline y+2z=15 \qquad \cdots⑤ \end{array}$$

④의 식−⑤의 식×4를 하면

$$\begin{array}{r} 4y-6z=4 \qquad \cdots④ \\ -)\ 4y+8z=60 \qquad \cdots⑤' \\ \hline -14z=-56 \end{array}$$

$$\therefore z=4$$

⑤의 식에서 $y=7$, ①의 식에서 $x=3$이다.

답 $x=3$, $y=7$, $z=4$

문제 **2** 다음 연립일차방정식을 풀어라.

$$\begin{cases} 2x - 3y + z = 2 \\ 4x + 8z = 6 \\ x + 2y + 3z = 1 \end{cases}$$

풀이

$$\begin{cases} 2x - 3y + z = 2 & \cdots ① \\ 4x + 8z = 6 & \cdots ② \\ x + 2y + 3z = 1 & \cdots ③ \end{cases}$$

①의 식×2 − ②의 식을 하면

$$\begin{array}{r} 4x - 6y + 2z = 4 \quad \cdots ①' \\ -)\ 4x \qquad\quad + 8z = 6 \quad \cdots ② \\ \hline -6y - 6z = -2 \quad \cdots ④ \end{array}$$

①의 식 − ③의 식×2를 하면

$$\begin{array}{r} 2x - 3y + z = 2 \quad \cdots ① \\ -)\ 2z + 4y + 6z = 2 \quad \cdots ③' \\ \hline -7y - 5z = 0 \quad \cdots ⑤ \end{array}$$

④의 식×7 − ⑤의 식×6을 하면

$$\begin{array}{r} -42y - 42z = -14 \quad \cdots ④' \\ -)\ -42y - 30z = 0 \quad \cdots ⑤' \\ \hline -12z = -14 \end{array}$$

$$\therefore z = \frac{7}{6}$$

⑤의 식에 의하여 $y = -\dfrac{5}{6}$, ②의 식에 의하여 $x = -\dfrac{5}{6}$

답 $x = y = -\dfrac{5}{6},\ z = \dfrac{7}{6}$

일차방정식과 이차방정식으로 이루어진 연립이차방정식

연립이차방정식 중에는 일차방정식과 이차방정식으로 이루어진 연립이차방정식이 있다. 이 방정식의 풀이방법은 일차방정식을 어느 한 문자에 대해 정리한 후 이차방정식에 대입하는 것이다. 다음 연립이차방정식을 푸는 방법은,

$$\begin{cases} x+y=8 & \cdots① \\ x^2+y^2=40 & \cdots② \end{cases}$$

①의 식인 일차방정식과 ②의 식인 이차방정식이 있으면 먼저 ①의 식인 $x+y=8$을 y에 관해 정리하면 $y=8-x$이다. 이 식을 ②의 식 y에 대입하면 x에 관한 식이 되어 문제를 풀 수 있다. 문제를 푸는 방법은 다음과 같다.

$$y=8-x \quad x^2+y^2=40 \implies x^2+(8-x)^2=40$$

$$2x^2-16x+24=0$$

$$2(x-2)(x-6)=0$$

$$\therefore x=2 \text{ 또는 } 6$$

$$\begin{cases} x=2 \\ y=6 \end{cases} \text{ 또는 } \begin{cases} x=6 \\ y=2 \end{cases}$$

문제 **1** 다음 연립이차방정식을 풀어라.

$$\begin{cases} x+y=4 \\ x^2+xy+y^2=13 \end{cases}$$

풀이
$$\begin{cases} x+y=4 & \cdots ① \\ x^2+xy+y^2=13 & \cdots ② \end{cases}$$

①의 식을 $y=4-x$로 하고, ②의 식에 있는 y에 대입하면,

$$x^2+x(4-x)+(4-x)^2=13$$

$$x^2+4x-x^2+16-8x+x^2=13$$

$$x^2-4x+3=0$$

$$\therefore x=1 \text{ 또는 } 3$$

$$\begin{cases} x=1 \\ y=3 \end{cases} \text{또는} \begin{cases} x=3 \\ y=1 \end{cases}$$

답
$$\begin{cases} x=1 \\ y=3 \end{cases} \text{또는} \begin{cases} x=3 \\ y=1 \end{cases}$$

문제 **2** $\begin{cases} x+y=1 \\ x^2+y^2=5 \end{cases}$ 를 만족하는 y값들의 합을 구하여라.

풀이 $\begin{cases} x+y=1 & \cdots \text{①} \\ x^2+y2=5 & \cdots \text{②} \end{cases}$

①의 식을 $y=1-x$로 하고 ②의 식 $x^2+y^2=5$에 대입하면

$$x^2+(1-x)^2=5$$

$$2x^2-2x-4=0$$

$$2(x^2-x-2)=0$$

$$x=-1 \text{ 또는 } 2$$

$\begin{cases} x=-1 \\ y=2 \end{cases}$ 또는 $\begin{cases} x=2 \\ y=-1 \end{cases}$

y는 2와 -1이므로 y값들의 합은 1이다.

답   1

두 개의 이차방정식으로 이루어진 연립이차방정식

두 개의 이차방정식으로 이루어진 연립이차방정식은 인수분해, 상수항 소거, 이차항 소거 등으로 일차방정식을 만든 후 이차방정식과 연립하여 푼다. 예제를 통해 인수분해를 한 후 대입하여 풀어보자.

$$\begin{cases} x^2 - xy - 2y^2 = 0 \\ 2x^2 + y^2 = 9 \end{cases} \text{를 풀어보면,}$$

$$\begin{cases} x^2 - xy - 2y^2 = 0 & \cdots ① \\ 2x^2 + y^2 = 9 & \cdots ② \end{cases} \text{에서}$$

①의 식에서 이차방정식을 인수분해하면 $(x-2y)(x+y)=0$ 이다. 여기서 $x=2y$ 또는 $x=-y$ 이다.

②의 식에 $x=2y$ 를 대입하면,

$$2x^2 + y^2 = 9$$
$$2 \times (2y)^2 + y^2 = 9$$
$$9y^2 = 9$$
$$y = \pm 1$$

$x=2y$ 이므로 $x = \pm 2$

이번에는 ②의 식에 $x=-y$ 를 대입하면,

$$2x^2 + y^2 = 9$$

$$2 \times (-y)^2 + y^2 = 9$$

$$3y^2 = 9$$

$$y = \pm \sqrt{3}$$

$x = -y$ 이므로 $x = \mp \sqrt{3}$

따라서 이 문제를 풀면,

$$\begin{cases} x = -\sqrt{3} \\ y = \sqrt{3} \end{cases} \text{또는} \begin{cases} x = \sqrt{3} \\ y = -\sqrt{3} \end{cases} \text{또는} \begin{cases} x = 2 \\ y = 1 \end{cases} \text{또는} \begin{cases} x = -2 \\ y = -1 \end{cases} \text{이다.}$$

이번에는 상수항을 소거한 후 인수분해하여 대입하는 문제를 풀어보자.

$$\begin{cases} 2x^2 + xy - 20y^2 = 16 \\ x^2 + xy - 8y^2 = 12 \end{cases} \text{를 풀어보면,}$$

$$\begin{cases} 2x^2 + xy - 20y^2 = 16 \quad \cdots ① \\ x^2 + xy - 8y^2 = 12 \quad \cdots ② \end{cases} \text{에서,}$$

①의 식과 ②의 식의 상수항을 최소공배수인 48로 만들기 위해, ①의 식×3 − ②의 식×4를 계산한다.

$$\begin{array}{r} 6x^2 + 3xy - 60y^2 = 48 \qquad \cdots ①' \\ -) \ 4x^2 + 4xy - 32y^2 = 48 \qquad \cdots ②' \\ \hline 2x^2 - xy - 28y^2 = 0 \end{array}$$

$2x^2 - xy - 28y^2 = 0$을 인수분해하면, $(x-4y)(2x+7y)=0$

$x = 4y$ 또는 $x = -\dfrac{7}{2}y$

$x = 4y$일 때 ①의 식에 대입하면,

$$2x^2 + xy - 20y^2 = 16$$

$$2 \times (4y)^2 + (4y) \times y - 20y^2 = 16$$

$$16y^2 = 16$$

$$y = \pm 1$$

$$y = \pm 1 일 \ 때 \ x = \pm 4$$

이번에는 $x = -\dfrac{7}{2}y$를 대입하면,

$$2x^2 + xy - 20y^2 = 16$$

$$2 \times \left(-\frac{7}{2}y\right)^2 + \left(-\frac{7}{2}y\right) \times y - 20y^2 = 16$$

$$y^2 = 16$$

$$y = \pm 4$$

$$y = \pm 4 일 \ 때, \ x = \mp 14$$

이 연립이차방정식의 해는,

$$\begin{cases} x = -14 \\ y = 4 \end{cases} 또는 \begin{cases} x = -4 \\ y = -1 \end{cases} 또는 \begin{cases} x = 4 \\ y = 1 \end{cases} 또는 \begin{cases} x = 14 \\ y = -4 \end{cases} 이다.$$

다음으로 이차항을 소거한 후 대입하는 문제를 풀어보자.

$$\begin{cases} x^2 - y^2 + 2x + y = 8 \\ 2x^2 - 2y^2 + x + y = 9 \end{cases}$$ 를 풀어보도록 하자.

$$\begin{cases} x^2 - y^2 + 2x + y = 8 & \cdots ① \\ 2x^2 - 2y^2 + x + y = 9 & \cdots ② \end{cases}$$ 에서,

①의 식×2− ②의 식을 계산하면

$$
\begin{array}{ll}
2x^2 - 2y^2 + 4x + 2y = 16 & \cdots ①' \\
-) \ 2x^2 - 2y^2 + x + y = 9 & \cdots ② \\
\hline
3x + y = 7 & \cdots ③
\end{array}
$$

③의 식 $y = -3x + 7$을 ①의 식에 대입하면,

$$x^2 - y^2 + 2x + y = 8$$

$$x^2 - (-3x + 7)^2 + 2x + (-3x + 7) = 8$$

$$-8x^2 + 42x - 49 + 2x - 3x + 7 = 8$$

$$-8x^2 + 41x - 50 = 0$$

$$8x^2 - 41x + 50 = 0$$

$$(8x - 25)(x - 2) = 0$$

∴ $x = 2$ 또는 $\dfrac{25}{8}$, ③의 식에 의하여 $y = 1$ 또는 $-\dfrac{19}{8}$

연립이차방정식의 해는 $\begin{cases} x = 2 \\ y = 1 \end{cases}$ 또는 $\begin{cases} x = \dfrac{25}{8} \\ y = -\dfrac{19}{8} \end{cases}$ 이다.

대칭식의 풀이

x, y를 서로 바꾸어 대입해도 변하지 않는 식을 x, y에 대한 대칭식이라 한다.

$$\begin{cases} x+y=6 \\ xy=8 \end{cases} \text{이나} \begin{cases} x+y+xy=6 \\ x^2+y^2=7 \end{cases}$$

위의 식이 이런 경우에 속한다. 그렇다면 대칭식을 하나 풀어보자.

$$\begin{cases} x^2+y^2=5 \\ xy=2 \end{cases}$$

위의 식은 x, y에 관한 대칭식이며 여기서 $x+y=p$, $xy=q$로 놓으면,

$$\begin{cases} x^2+y^2=5 & \cdots ① \\ xy=2 & \cdots ② \end{cases}$$

①의 식에서 $x^2+y^2=5$

$$\qquad\qquad (x+y)^2-2xy=5$$

$$\qquad\quad p^2-2q=5 \qquad \cdots ①'$$

②의 식에서 $q=2$ $\qquad\qquad \cdots ②'$

②′의 식 $q=2$를 ①′의 식에 대입하면,

$$\qquad\quad p^2-2\times 2=5$$

$$\qquad\quad p^2=9$$

$$p = \pm 3$$

$p=3$, $q=2$이면 $t^2-3t+2=0$에서 $(t-2)(t-1)=0$, $t=1$ 또는 2이다.

여기서 $\begin{cases} x=1 \\ y=2 \end{cases}$ 또는 $\begin{cases} x=2 \\ y=1 \end{cases}$ 이 된다.

$p=-3$, $q=2$이면 $t^2+3t+2=0$에서 $(t+1)(t+2)=0$, $t=-2$ 또는 -1이다.

여기서 $\begin{cases} x=-2 \\ y=-1 \end{cases}$ 또는 $\begin{cases} x=-1 \\ y=-2 \end{cases}$ 이 된다.

이 대칭식의 근은

$\begin{cases} x=-2 \\ y=-1 \end{cases}$ 또는 $\begin{cases} x=-1 \\ y=-2 \end{cases}$ 또는 $\begin{cases} x=1 \\ y=2 \end{cases}$ 또는 $\begin{cases} x=2 \\ y=1 \end{cases}$ 이다.

문제**1** $\begin{cases} 3x^2+2xy-y^2=0 \\ x^2+y^2=12-2x \end{cases}$을 풀어보아라.

풀이 $\begin{cases} 3x^2+2xy-y^2=0 & \cdots ① \\ x^2+y^2=12-2x & \cdots ② \end{cases}$

①의 식을 인수분해하면, $(3x-y)(x+y)=0$ $\cdots ①'$

①′에서 $y=3x$ 또는 $-x$이다.

$y=3x$일 때, ②의 식에 대입하면,

$$x^2+y^2=12-2x \quad \cdots ②$$

$$x^2+(3x)^2=12-2x$$

$$10x^2+2x-12=0$$

$$2(5x^2+x-6)=0$$

$$2(5x+6)(x-1)=0$$

$$\therefore x=-\frac{6}{5} \text{ 또는 } 1$$

$\begin{cases} x=-\dfrac{6}{5} \\ y=-\dfrac{18}{5} \end{cases}$ 또는 $\begin{cases} x=1 \\ y=3 \end{cases}$

$y=-x$일 때, ②의 식에 대입하면,

$$x^2+y^2=12-2x \quad \cdots ②$$

$$x^2+(-x)^2=12-2x$$

$$2x^2+2x-12=0$$

$$2(x^2+x-6)=0$$

$$2(x+3)(x-2)=0$$

$$\therefore x=-3 \ 또는 \ 2$$

$$\begin{cases} x=-3 \\ y=3 \end{cases} \ 또는 \begin{cases} x=2 \\ y=-2 \end{cases}$$

연립이차방정식의 근은

$$\begin{cases} x=-3 \\ y=3 \end{cases} \ 또는 \begin{cases} x=-\dfrac{6}{5} \\ y=-\dfrac{18}{5} \end{cases} \ 또는 \begin{cases} x=1 \\ y=3 \end{cases} \ 또는 \begin{cases} x=2 \\ y=-2 \end{cases} \ 이다.$$

답 $\begin{cases} x=-3 \\ y=3 \end{cases} \ 또는 \begin{cases} x=-\dfrac{6}{5} \\ y=-\dfrac{18}{5} \end{cases} \ 또는 \begin{cases} x=1 \\ y=3 \end{cases} \ 또는 \begin{cases} x=2 \\ y=-2 \end{cases}$

문제 **2** $\begin{cases} x^2 - xy = 12 \\ xy - y^2 = 4 \end{cases}$를 풀어보아라.

풀이 $\begin{cases} x^2 - xy = 12 & \cdots ① \\ xy - y^2 = 4 & \cdots ② \end{cases}$

①의 식 − ②의 식 × 3을 하면 ①의 식과 ②의 식의 상수항이 같게 된다.

$$
\begin{array}{r}
x^2 - xy = 12 \qquad \cdots ① \\
-)\ 3xy - 3y^2 = 12 \qquad \cdots ② \\
\hline
x^2 - 4xy + 3y^2 = 0 \qquad \cdots ③
\end{array}
$$

③의 식을 인수분해하면, $\qquad (x - 3y)(x - y) = 0$

$$x = 3y \ \text{또는} \ y$$

$x = 3y$일 때, ①의 식에 대입하면 $(3y)^2 - 3y \times y = 12$

$$6y^2 = 12$$

$$y = \pm\sqrt{2}$$

$$\therefore x = \pm 3\sqrt{2}, \ y = \pm\sqrt{2}$$

$x = y$일 때, ①의 식에 대입하면 $\qquad y^2 - y \times y = 12$

$$0 \times y^2 = 12$$

$\therefore$ ①의 식을 만족하는 y는 없다.

여기서 $x=y$일 때 y값이 없기 때문에 x값도 없으며 조건에서 어긋나므로 제외한다.

답 $\begin{cases} x=-3\sqrt{2} \\ y=-\sqrt{2} \end{cases}$ 또는 $\begin{cases} x=3\sqrt{2} \\ y=\sqrt{2} \end{cases}$

제 5장

부정방정식

근의 개수가 무수히 많은 방정식

방정식 $x+y=2$의 해를 순서쌍 (x, y)를 나열하려면 해가 무한 개여서 다 적을 수 없다. 그래프로 그려보면 다음과 같다.

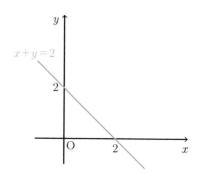

$x+y=2$의 그래프는 무한한 점의 집합임을 알 수 있다. 그러나 x, y를 자연수로 구하면 $x=1$, $y=1$일 때 $x+y=2$의 그래프가

성립됨을 알 수 있다.

$x+y=2$와 같이 근의 개수가 무한한 방정식을 부정방정식^{不定方程式}이라 한다. 그리고 부정방정식은 식 하나로 풀기는 어려워서 제한조건이 붙는 경우가 많다. $x+y=2$에서 x, y가 자연수인 것을 찾으면 순서쌍 $(1, 1)$이 근이다. 제한조건이 붙음으로써, 근이 유한개^{有限個}가 된다.

정수 조건의 부정방정식은 (일차식)×(일차식)=(정수)의 형태로 풀 수 있는데, $xy-x-y-1=0$을 보면 $(x-1)(y-1)=2$의 형태인 (일차식)×(일차식)=(정수)의 형태가 된다. 단 조건은 x, y는 정수이다.

$(x-1)(y-1)=2$를 만족하려면,

$$1 \ \times \ \ 2 \ \ \rightarrow x=2, \ \ y=3$$
$$-1 \ \times \ -2 \ \ \rightarrow x=0, \ \ y=-1$$
$$2 \ \times \ \ 1 \ \ \rightarrow x=3, \ \ y=2$$
$$-2 \ \times \ -1 \ \ \rightarrow x=-1, \ y=0$$

만족하는 해를 순서쌍으로 나타내면, $(2, 3)$, $(0, -1)$, $(3, 2)$, $(-1, 0)$이다. 제한조건이 자연수이면 $(2, 3)$, $(3, 2)$이다.

이번에는 실수 조건의 부정방정식에 대해 알아보자. 실수 조건의 부정방정식 풀이방법은 A, B가 실수이고, $A^2+B^2=0$의 형태이면, $A=0$, $B=0$임을 이용하는 것이다.

$x^2 + y^2 - 2x + 4y + 5 = 0$을 풀어보도록 하자.

$$x^2 + y^2 - 2x + 4y + 5 = 0$$

$$(x^2 - 2x + 1) + (y^2 + 4y + 4) = 0$$

$$(x-1)^2 + (y+2)^2 = 0$$

여기서 $(x-1)^2$과 $(y+2)^2$이 0이 되어야 등식이 성립한다.
따라서 $x = 1$, $y = -2$

또한 실수 조건의 부정방정식에서는 판별식 D를 이용하여 푸는 방법이 있다. 이차방정식이 주어지면 내림차순을 한 후 판별식 $D \geq 0$임을 이용하여 푸는 것이다.

$(x^2 + 16)(y^2 + 1) - 16xy = 0$을 만족하는 실수 x, y에 대해 $|x| + |y|$의 값을 구하려면 가장 먼저 전개를 한다.

$$(x^2 + 16)(y^2 + 1) - 16xy = 0$$

식을 전개한다.

$$x^2 y^2 + x^2 + 16y^2 + 16 - 16xy = 0$$

x에 관하여 내림차순을 한다.

$$(y^2 + 1)x^2 - 16yx + 16y^2 + 16 = 0$$

다음의 그림에서 가와 나 조건에 해당하므로, $\dfrac{D}{4} \geq 0$임을 이용한다.

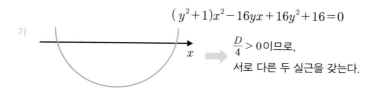

$$(y^2+1)x^2-16yx+16y^2+16=0$$

$\dfrac{D}{4}>0$이므로,

서로 다른 두 실근을 갖는다.

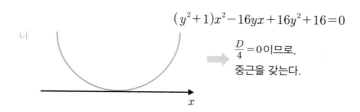

$$(y^2+1)x^2-16yx+16y^2+16=0$$

$\dfrac{D}{4}=0$이므로,

중근을 갖는다.

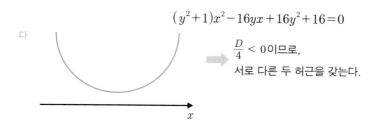

$$(y^2+1)x^2-16yx+16y^2+16=0$$

$\dfrac{D}{4}<0$이므로,

서로 다른 두 허근을 갖는다.

$$\frac{D}{4}=(-8y)^2-(y^2+1)(16y^2+16)\geq 0$$

$$64y^2-16y^4-16y^2-16y^2-16\geq 0$$

$$-16(y^4-2y^2+1)\geq 0$$

$$-16(y^2-1)^2\geq 0$$

$$-16\{(y+1)(y-1)\}^2\geq 0$$

양변에 -1을 곱하면,
부등호의 위치가 바뀌게 되므로,

$16\{(y+1)(y-1)\}^2 \leq 0$ 양변을 16으로 나누면

$\{(y+1)(y-1)\}^2 \leq 0$ 제곱식은 음이 될 수 없으므로

$y = \pm 1$이다.

$y = -1$일 때, $(x^2+16)(y^2+1)-16xy=0$에 대입하면, $x=-4$,

$y = 1$일 때 $(x^2+16)(y^2+1)-16xy=0$에 대입하면 $x=4$이다.

따라서 $|x|+|y|=5$이다.

문제 1 $x^2 + 4xy + 5y^2 + 2y + 1 = 0$을 구하여라.

풀이 $x^2 + 4xy + 5y^2 + 2y + 1 = 0$

$x^2 + 4xy + 4y^2 - 4y^2 + 5y^2 + 2y + 1 = 0$

$(x + 2y)^2 + (y + 1)^2 = 0$

$x = -2y,\ y = -1$

$y = -1$이므로, $x = 2$

$x = 2,\ y = -1$

답 $x = 2,\ y = -1$

문제 2 $x^2 - (a-3)x + a - 2 = 0$의 두 근이 모두 정수일 때, 상수 a의 값을 구하여라.

풀이 $x^2 - (a-3)x + a - 2 = 0$의 두 근을 $\alpha,\ \beta$로 할 때,

$\begin{cases} \alpha + \beta = a - 3 & \cdots ① \\ \alpha\beta = a - 2 & \cdots ② \end{cases}$

①의 식 − ②의 식을 하면

$\begin{aligned} & \alpha + \beta = a - 3 && \cdots ① \\ -)\ & \alpha\beta = a - 2 && \cdots ② \\ \hline & \alpha + \beta - \alpha\beta = -1 && \cdots ③ \end{aligned}$

$$\alpha + \beta - \alpha\beta + 1 = 0$$

③의 식을 (일차식) × (일차식) =
(정수)의 형태로 정리하면

$$(\alpha - 1)(1 - \beta) = -2$$

$$(\alpha - 1)(1 - \beta) = -2$$

$$\begin{array}{llll} 1 & \times & -2 & \rightarrow \alpha = 2, & \beta = 3 \\ -1 & \times & 2 & \rightarrow \alpha = 0, & \beta = -1 \\ 2 & \times & -1 & \rightarrow \alpha = 3, & \beta = 2 \\ -2 & \times & 1 & \rightarrow \alpha = -1, & \beta = 0 \end{array}$$

$\alpha + \beta = -1$, 5, $\alpha\beta = 0$, 6이다. ①의 식, ②의 식에 의해 $a = 2$ 또는 8

답 $a = 2$ 또는 8

문제 3 x, y가 정수일 때, $\dfrac{1}{x} + \dfrac{1}{y} = \dfrac{1}{3}$ 을 만족하는 순서쌍을 구하여라.

풀이 $\dfrac{1}{x} + \dfrac{1}{y} = \dfrac{1}{3}$

양변에 $3xy$를 곱하면

$$3y + 3x = xy$$

$$3x + 3y = xy$$

인수분해하면

$$(x - 3)(y - 3) = 9$$

$(x-3)(y-3)=9$

$\quad 3 \quad \times \quad 3 \ \rightarrow x=6, \quad y=6$

$-3 \quad \times \ -3 \ \rightarrow x=0, \quad y=0$

$\quad 1 \quad \times \quad 9 \ \rightarrow x=4, \quad y=12$

$-1 \quad \times \ -9 \ \rightarrow x=2, \quad y=-6$

$-9 \quad \times \ -1 \ \rightarrow x=-6, y=2$

$\quad 9 \quad \times \quad 1 \ \rightarrow x=12 \quad y=4$

순서쌍 $(x, y)=(-6, 2)$, $(0, 0)$, $(2, -6)$, $(4, 12)$, $(6, 6)$, $(12, 4)$이 된다.

그러나 $\dfrac{1}{x}+\dfrac{1}{y}=\dfrac{1}{3}$ 에서 $x \neq 0$, $y \neq 0$이므로 $(0, 0)$은 제외하여 만족하는 순서쌍은 5개이다.

답 $(x, y)=(-6, 2)$, $(2, -6)$, $(4, 12)$, $(6, 6)$, $(12, 4)$